岩田さん

Iwata-San

岩田聡はこんなことを話していた。

ほぼ日刊イトイ新聞・編

はじめに

この本は、ほぼ日刊イトイ新聞に掲載された岩田聡さんのことばを再構成したものです。また、ことばの一部は任天堂のウェブサイトに掲載された「社長が訊く」からも抜粋しました。

岩田さんは、自分を主役にしてメディアで語ることをほとんどしない人でした。会社やプロジェクトのために、「わたしがやるのがいちばん合理的だと判断するなら」、向けられたマイクに応えましたが、ご自身のことは副次的に語られるに過ぎませんでした。

けれども、多くの人がご存知のように岩田さんはとても誠実で一貫性のある方でしたから、会社や開発者を代表する立場として語った別々の機会のさまざまな発言を集めてみると、複数の円が重なるところに別の色が現れるみたいに、「岩田さん本人のことば」が自然と浮かび上がってきます。

この本は、そういった「岩田さんのことば」を複数の記事からすくいとって一冊にまとめたものです。

2015年7月11日、岩田聡さんは亡くなりました。HAL研究所で卓越したプログラマーとして数々の傑作ゲームを生み出し、任天堂の社長に就任してからはニンテンドーDS、Wiiといったゲーム機を世界に送り出して「ゲーム人口の拡大」に貢献した優しい人の訃報に、世界中で多くの人が胸を痛めました。

わたしたちほぼ日刊イトイ新聞は、1998年の創刊時から岩田さんにご協力いただいてきました。主宰する糸井重里が岩田さんととても親しかったこともあり、岩田さんは折に触れてわたしたちのオフィスに立ち寄り、時間の許す限り糸井重里とおしゃべりをしました。岩田さんは、わたしたちが企画するたくさんの記事にころよく登場してくださいましたし、岩田さんご自身が自分の企画するコンテンツをほぼ日刊イトイ新聞に持ち込むこともしばしばありました。

ですから、岩田さんが急にいなくなったとき、世界中のゲームファンと同様に、わたしたちも混乱し、こころの一部が失われたように感じました。

やがて時が過ぎ、悲しみがすこし癒える代わりに岩田さんの存在が遠く感じられるようになったころ、岩田さんの本をつくることは、わたしたちの大切な仕事であるように感じられました。なにしろ、わたしたちの元には岩田さんが語ったたくさんのことばがありましたから。

あらかじめお伝えしておくと、この本に掲載している岩田さんのことばのほとんどは、ウェブサイトにいまも散在しており、丁寧に対談記事などを読み込んでいけば、めぐり合うことができます。けれども、ウェブサイトのテキストというのは、宿命的にたくさんの新しいことばに埋もれていくものですし、いつの間にか二度と探せなくなったりもします。

きっと、気軽に岩田さんのことばを読み返したいと思う人もいるでしょうし、今後、岩田さんのことを知って、どういう人だったか理解したいと思う人も増えてくると思います。

岩田さんご自身は、生前、求められても著書を出す意志はなかったとうかがっています。わたしたちは、いま、そして未来に、岩田さんのことばをまとめた本が求められていると強く感じたのですが、いってみればそれは勝手なことです。

それでも、岩田さんはこの本を認めてくださると信じています。岩田さんは信頼できる環境で自分の意見を述べることが好きでしたし、できあがった記事をいつもニコニコしながら読んでくださいました。「でも、みなさんの時間をつかって本をつくる価値がありますかね？」なんて、おっしゃるかもしれませんけれど。

本をつくるにあたり、たくさんの方にご協力いただきました。任天堂株式会社のみなさま、宮本茂さま、岩田さんの元秘書の脇元令子さま、そして、岩田さんの奥様とご家族のみなさま。本にまとめることを許していただき、ありがとうございました。

岩田さん。わたしたちはその名前を、つい、呼びたくなります。岩田さんは、ニコニコ笑いながらいまにもオフィスのドアを開けて入ってきそうな気がします。岩田さんの新しいおしゃべりが聞けないのが、ほんとうに残念です。

本のなかに掲載したどのことばにも、岩田さんの思考と哲学がとけています。それはいまでもわたしたちを勇気づけますし、とてもリアルに行く道を示してくれたりもします。

岩田さんのことばが、長く、たくさんの人に届きますように。

２０１９年７月

ほぼ日刊イトイ新聞

もくじ

8

第三章　岩田さんの個性。……77

「なぜそうなるのか」がわかりたい。
ご褒美を見つけられる能力。
プログラムの経験が会社の経営に活きている。
それが合理的ならさっさと覚悟を決める。
「プログラマーはノーと言ってはいけない」発言。
当事者として後悔のないように優先順位をつける。
◆岩田さんのことばのかけら。その3

第四章　岩田さんが信じる人。 ……… 103

第六章　岩田さんを語る。

糸井重里が語る岩田さん

「みんながハッピーであることを実現したい人なんです」

会えば会うほど信頼するようになった。
みんなの環境をまず整えた。
どういう場にいてもちょっと弟役。
ずっとしゃべってる。それがたのしいんですよ。
病気のときも、岩田さんらしかった。
「ハッピー」を増やそうとしていた。

第一章

岩田さん

が社長になるまで。

高校時代。プログラムできる電卓との出会い。

高校生のとき、まだパソコンということばもないような時代に、わたしは「プログラムできる電卓」というものに出会いました。それで授業中にゲームをつくって、隣の席の友だちと遊んでいたのですが、思えば、それがゲームやプログラムとの出会いですね。

その電卓はヒューレット・パッカードという会社がつくったもので、アポロ・ソユーズテスト計画のときに宇宙飛行士が持っていって、アンテナの角度の計算につかったというふうに語られていました。当時、とても高かったんですが、皿洗いのバイトをして半分くらい貯めたら、残りを父親が出してくれました。

その電卓にはとてものめり込みました。専門誌なんてもちろんありませんし、誰も教えてくれませんから、とにかくひとりでやるわけです。試行錯誤していると、そのうちにだんだん「あ、こんなこともできる、あんなこともできる」とわかってくる。

いま思うとそれはかなり特殊な電卓で、「=」のキーがないんです。たとえば1と2を足すときは「1」を押したあとに「ENTER」のキーを押すんですね。で、「2」を押して、最後に「＋」を押すんです。どこか、日本語のようでもあって、「1と2を足して、3と4をかけて、12を引くと、いくらですか？」というようなかたちで入力していくんですけど、もう「＝」がないだけで、ふつうの人はつかおうと思わないじゃないですか。そういうものを自由につかいこなすというのが、当時の自分にとっておもしろいわけです。

そんなふうにして、なんとか完成させたゲームを、わたしは日本のヒューレット・パッカードの代理店に送ったことがあるんです。ものすごく驚かれたらしくて、「とんでもない高校生が札幌にいるらしいぞ！」と先方は思ったそうです。いまでいうと、任天堂にどこかの高校生が明日売れるような一定の完成度のある商品を送ってきたような驚きがあったんじゃないでしょうか。でもその当時、わたし自身は、自分がなにをしたのかという価値がまったくわかっていなかった（笑）。

そして、わたしがその電卓にのめり込んだ2年後ぐらいに、アップルコンピュータのマシンが世の中に出回ってくるんですね。

そういった経緯で、初期のコンピュータに触れてすぐ、わたしのコンピュータへの幻想はなくなりました。コンピュータは、なんでもできる夢の機械ではないとわかったんです。別の言い方をすると、コンピュータが得意なことはなにか、そして苦手なことはなにか、というようなことが、高校生のときに一応ちゃんとわかっていた、ということです。

また、わたしのつくったその電卓のゲームをたのしんでくれる友だちが、たまたま自分の隣の席にいたということも、とても大切なことでした。

その子は、ちょっとおもしろいやつで……なんていうか、わたしがつくったものをよろこんでくれる、わたしにとっての最初のお客さん、ユーザー第1号だったんです。

人間はやっぱり、自分のやったことをほめてくれたりよろこんでくれたりする人がいないと、木には登らないと思うんです。ですから、高校時代に彼と出会ったことは、わたしの人生にすごくいい影響を与えていると思いますね。

大学時代。コンピュータ売り場で出会った仲間。

わたしが大学1年のときですから1978年のことですが、池袋の西武百貨店に、たぶん日本ではじめてパソコンの常設コーナーができるんです。わたしはそこに毎週末通っていました。

そのころのコンピュータ売り場には、コンピュータの前に座って、一日中プログラムを書く人がいっぱいいたんです。だって、ふつうの人には、コンピュータなんて買えないですからね。

当時のわたしは大学の入学祝いや貯金に加えてさらにローンを組んで、なんとか自分のコンピュータを手に入れていました。それはコモドールという会社の「PET」というマシンでした。

そのコンピュータの売り場が池袋西武百貨店にありまして、わたしはそこに自分のつくったプログラムを持っていくんです。高校生のとき、一緒に電卓のゲームをたのしんでいた友だちは違う大学に通ってましたから、そのころわたしには相方がいない状態でした。

たぶん、わたしは、自分のつくったものを「人に見せたかった」んでしょうね。池袋の西武百貨店に行けば、そこには同好の士がいつもいましたから、見せる相手がいたんです。

そしてその売り場では、いくつかの重要な出会いがありました。まず、後のわたしにもっとも刺激を与えることになるプログラムの名人がいた。

彼は、ある日、売り場のコンピュータをつかってプログラムを書いていました。ところが、そのプログラムがなかなかうまく動かなくて、首をひねっている。わたしはそれを後ろから見ていたんですが、「あそこが間違っている」とわかったんですね。

「それは、ここを直したら動くんじゃないの?」

「ああ、たしかに」

　それがきっかけで仲よくなったんです。彼が大学2年生でわたしが大学1年生でした。その売り場では、同じコンピュータをつかい合う人たちが、自然とユーザーグループみたいな集まりを形成していきました。そして、売り場の店員さんとも仲よくなっていくんですが、わたしが大学3年生になるころ、その店員さんが会社をつくるんです。

　その会社は、HAL研究所といいます。

「会社つくるんだけど、バイトしに来ない?」とその人に言われて、わたしはそこでプログラムの仕事をはじめるんですが、それがおもしろくておもしろくて、けっきょくわたしはその会社に居着いてしまうんですね。

　ですから、HAL研究所という会社は、「そこらのプロ顔負けの能力を持ったバイトの子たちを集めることに偶然成功した会社」だったといえます。

　大学は4年でちゃんと卒業しました。ただ大学生のときは優等生ではなかったと思います。なぜなら、HAL研でのバイトのほうがずっとおもしろかったから(笑)。

　コンピュータの基礎を教えてもらったという意味では、大学の勉強は役に立っていますし、大学に行ってよかったとも思いますけれど、後の仕事で実際に役立ったことのほとんどは自分でやって覚えたものです。

ＨＡＬ研究所黎明期とファミコンの発売。

アルバイトだったわたしは、大学卒業と同時に、そのままＨＡＬ研に入ってしまうわけです。それが自分に合っていたというか、やっていることがおもしろくてしょうがなかったんですよ。

ＨＡＬ研究所はちいさな会社でしたから、わたしは若くしていろんな判断をくだす当事者になるんですね。とりわけ「開発」に関しては先輩がまったくいなくて、わたしは開発系の社員第１号でした。ですから、開発のことはわたしが全部判断しなければいけない。相談に乗ってくれる人は誰もいないんです。

そして、ここにまたひとつ、運命のめぐり合わせがあって、わたしが正社員になった翌年に、任天堂からファミコン（ファミリーコンピュータ）が発売されるんですよ。

わたしはアルバイトのころからパソコンで動くゲームを開発していましたが、ゲームをつくるうえで、ファミコンというハードには明らかに「従来と異質のよさ」がありました。

当時、何十万円もしたパソコンよりも、1万5千円のファミコンのほうがゲームを遊ぶうえで圧倒的に適している。わたしは、このマシンで世の中が変わるような気がしました。そして、「どうしてもこれに関わりたい」と思ったんです。

HAL研究所に出資していた会社のうちの1社が、たまたま任天堂と取引がありまして、その会社の人に任天堂を紹介してもらいました。そして、「どうしてもあのファミコンの仕事をしたい」という一心で、わたしは京都の任天堂に行くんです。

当時、わたしは二十代前半です。スーツは着てるけど、明らかに慣れてない。そんな若造が突然現れて、「仕事をやらせてください」なんてね、もらいに行くほうも行くほうだけど、仕事をくれるほうもくれるほうだなぁと、いまから考えると思うんですけど（笑）。

請け負ったのはゲームソフトのプログラムでした。それが任天堂とのつき合いのはじまりです。ファミコンの初期に出た『ピンボール』や『ゴルフ』はわたしがHAL研究所の人と一緒につくったものです。

ファミコンのソフトは、とにかくつくるのがおもしろいですし、なにしろ自分のつくったものが世界中ですごくたくさん売れていくわけです。受託でやっていた仕事だったので、売れたからといって儲かるわけではなかったんですけど、自分たちがつくったものを「みんなが知っている」というのはうれしいんですよね。隣の席の友だちしか知らなかったものが、世界中に広がっていくわけですから、わたしとしてはおもしろくてしょうがない。

ファミコンのリリース後、間もなくして関わったことで、結果的にファミコンというゲーム機が大きく成長する過程に携わることができたのは、とても運がよかったです。ＨＡＬ研究所も、たった5人だった社員が、10年で90人くらいになったのかな。

わたしの立場も開発の責任者みたいになって、なんとなく名刺には課長と書かれてたりしたんですが、やがてそれが開発部長になりました。

いま振り返ってみると、当時、わたしたちが開発したゲームは、「企画はあったけど誰もつくれなくて困っていた」というようなソフトばかりでした。そこである程度の評判を得ることができたので、技術的に評価してもらえて、つぎの仕事につなげることができたんじゃないでしょうか。

社長就任と15億円の借金。

わたしが32歳のときに、ＨＡＬ研究所は経営危機に陥るんです。そして33歳のときにわたしは社長に就任するんですが、会社がそういう状況ですから、まったくめでたいことではありませんでした。

わたしが社長になった理由は、すごく簡単にいうと、ほかに誰もいなかったからでしょう。わたしはいつもそうなんですが、好きか嫌いかではなく、「これは、自分でやるのがいちばん合理的だ」と思えばすぐに覚悟が決まるんです。

広い意味で会社が倒産して、とりあえずは、マイナス15億円というのがわたしの社長としてのスタートでした。結果的には15億円を、年に2億5千万円ずつ、6年間で返すことになりました。もちろん、その間も会社の維持費がかかりますから、社員に給料を払って会社を回しながら、それとは別の借金として返していきました。

返済はしましたが、借金という意味では、そのときいろいろな人にご迷惑をおかけしていますから、そんなに胸を張っていえるようなことではないんですよ。

ただ、得難い経験をしたのはたしかです。それだけの借金を抱えるというのは、ある種の極限状態です。そういうときには、ほんとうにいろんなものが見えるんです。「人は、どういう接し方をするのか？」とか。

たとえば、わたしが新しい社長として銀行に挨拶にいきますよね？　30代の若造が、「わたしが社長になって、がんばって借金をお返しします」と言いにいきます。すると、「がんばってくださいね」とおっしゃる銀行さんと、「ちゃんと返してくれないと困るんだからな！」と、すごく高圧的な態度に出られる銀行さんがいらっしゃるんですね。

非常に興味深いことに、そのとき態度が高圧的だった銀行さんほど、その後、早く名前が変わりました。それだけ、あちらも深刻だったんでしょうね。

接し方が難しかったのは、社外の人たちに限りません。

会社が経営危機になったあと、わたしが社長になって会社を立て直しますというとき、わたしは開発部門のなかでいちばん総合力の高い人だという程度の信頼はありましたから、いちおうみんな言うことを聞いてはくれました。ただその一方で、基本的に会社には社員からの信用がないんです。というか、経営危機に陥った会社というのは、社員から見たら不信のかたまりですよね。だって、「会社の指示に従って仕事をしていた結果がこれか？」と思って当然ですから。

ですから、わたしは社長に就任したとき、1ヵ月ぐらいかけてひたすら社員と話をしたんです。そのときに、いっぱい発見がありました。

自分は相手の立場に立ってものを考えているつもりでいたのに、直接ひとりひとりと話してみると、こんなにいろいろな発見があるのか、と思いました。当時は、なにが自分たちの強みで、なにが弱みなのかをわかろうと思ってやったことだったんです。それがわからないと、自分は社長としてものを決められないですから。

たとえばプログラムでいうと、判断基準は、短いとかきれいとか速いというものさしなんですよね。会社の最終決定者として、そういった、ものを判断するものさしをつくりたくて、社員ひとりひとりとの面談をやってみた。ところが、思った以上にいろんな意見が出てきました。

やっぱり、マネジメントというのは、そんなに単純なものではないんですね。かといって、短期的な儲けを追求することがかならずしもただしいとは限りませんから、「それじゃ、どうすればいいのか」ということを、会社がある種の極限状態に陥った瞬間から考えはじめることになるわけです。

たぶん、その面談のときにわたしは「判断とは、情報を集めて分析して、優先度をつけることだ」ということがわかったんです。「そこで出た優先度に従って物事を決めて進めていけばいい」と思うようになりました。

そうやって判断を重ねていったら、物事がだんだんうまく回り出しますから、それはきっといろんなことに適用できる真実なんだろうというふうに感じて、それが自分の社長としての自信につながっていくんですね。

いまのわたしには、あの当時よりもいろんなことが見えています。ですから、33歳の自分のチャレンジがいかに困難だったかを、いまのほうが、もっとよくわかるんですよ。

半年に1回、社員全員との面談。

会社がたいへんなときって「1週間後までにこれを仕上げないとたいへん!」という自転車操業状態がずっと続いているんです。ところが一度倒産してしまうと、まとまった時間を取ることができて、以前にできなかったことができるんです。

その「できなかったこと」が、わたしにとっては、みんなとの対話、社員ひとりひとりとの面談でした。

そしたらすごくたくさんの発見があって、じつはこれはものすごく優先度の高いことだということがわかったんです。だから、会社を立て直してまた忙しくなっても、社員ひとりひとりと話すことはずっとやめないできたんですよ。

HAL研究所の社長だったときの面談は、半年に1回、社員全員と話していました。多いときには80人から90人ぐらい。時間はひとりあたり、すごく短い人で20分ぐらい、長い人で

3時間ぐらいです。それを6年か7年ぐらい続けていました。

最初に社員全員と話をしたとき、「面談してはじめてわかったこと」がものすごく多かったんです。それまでもふつうにコミュニケーションできていたと思っていた人でも、一対一で面談するとはじめて語ってくれることがある。変な言い方になりますが、「人は逆さにして振らないと、こんなにものを言えないのか」とあらためて思いました。

わたしなんかはわりと、相手に機会をつくってもらわなくても、機会を自分でつくって伝えればいい、と思っているほうです。自分のような人の集まりなら、面談は要らないでしょう。必要なことは必要なときに相手に言いますから。でも、みんながみんな、そうではありませんよね。

わたしは、自分がどんな会社で働きたいかというと、「ボスがちゃんと自分のことをわかってくれる会社」や「ボスが自分のしあわせをちゃんと考えてくれる会社」であってほしいと思ったんですね。

そして、わたしは「人は全員違う。そしてどんどん変わる」と思っています。もちろん、変わらない人もたくさんいます。でも、人が変わっていくんだということを理解しないリーダーの下では、わたしは働きたくないと思ったんです。

自分が変わったら、それをちゃんとわかってくれるボスの下で働きたい。だから、自分も社員のことをいつもわかっていたい。それが面談をはじめた動機です。たいへんだけど、自分の得るものも多いなとわかりました。

社員全員と面談するなかで、話し合うテーマは全員違います。ただ、面談のプログラムのなかで、唯一決まっているのが「あなたはいまハッピーですか?」という最初の質問でした。

わたしはもともと企業理念などというおこがましいことを語るつもりはありませんでした。ただ、「会社というのは、ある共通の目的を持って、みんながそれを分担して、力を合わせるための場所だから、共通の目的は決めたほうがいい」というふうに面談のなかで思うようになったんです。

それで、「商品づくりを通して、つくり手である我々と遊び手であるお客さんを、ともにハッピーにするのがHAL研の目的だと決めよう」と言ったんです。

そう宣言したんだから、「あなたはハッピーですか?」と訊くのは文脈に合っているんです。で、そうして訊くとですね……まぁ、いろいろなんです(笑)。

相手とのあいだに理解と共感がないなら、面談をやる意味はないとわたしは思います。ですから、相手が不満を抱えている場合、それはそれで聞くんです。でもわたしは、相手の言うことを聞くあいだに、自分の言いたいこともちゃんと言っているんです。

不満を持っている相手は、不満がたまっていればたまっているほど、まずその不満をこちらが聞かないと、こちらの言うことは耳に入らないですよね。なにかを言おうとしたのに、口をさえぎられて「それはこうだよ」と言われたら、「あぁ、この人はなんにもわかってくれない」と思って当たり前ですよね。

ですから、言いたいことは言ってもらいますし、言いたいことを言ったあとだったら、ある程度、入るんですよ、人間って。

人が相手の言うことを受け入れてみようと思うかどうかの判断は、「相手が自分の得になるからそう言っているか」、「相手がこころからそれをいいと思ってそう言っているか」のどちらに感じられるかがすべてだとわたしは思うんですね。

ですから、「私心というものを、どれだけちゃんとなくせるのかが、マネジメントではすごく大事だ」と、わたしは思っているんです。

わたしには、社内の仲間に対しては利害の発想はないです。もちろんわたしがネゴシエーションをしたことがないわけでもないですし、ビジネス上、交渉を不要だという気はありません。でも、こと同じ会社で同じ目的を果たす仲間とのあいだで、それをする必要はないでしょう?

やっぱりみんな納得して働きたいんですよね。ただ、会社がいろんなことを決めたときに、ふつうの社員の人たちはほとんどのケースで、なぜそう決まったのかがわからないんです。

単純に、情報がないですから。

「社長はあんなことを言っているけど、どうして?」というようなことが、いっぱいあるんですね。

面談でひとりひとりの話を聞いていると、「この判断の背景にある、この理由が伝わっていないんだな」とか、「わたしがこう言ったことが曲解されて、こんな不満を持っているんだな」ということがわかってくる。それで、自分はどうしてこういうことを言ったのかとか、なにがあってこういうことを決めたのかということを、もちろんなにもかもしゃべれるとは限りませんが、その背景をできるだけ説明していくんです。

それは、けっきょくは「こういう材料がそろっていたら、君ならどう考える?」ということを訊いているのと同じことなんです。それで、相手が「ぼくでもそうしますね」ということになったら、安心じゃないですか。同じ価値観が共有できていることがわかると、お互いすごくしあわせになるんですよ。

相手が誤解したり、共感できなかったりするときには、いくつかの決まった要因があるとわたしは思うんです。そのいくつかの組み合わせで、人は反目しあったり、怒ったり、泣いたり、不幸になったりしている。そういうときは、だいたい複数の要因が絡まっていますから、ひとつずつほぐして原因をつぶしていけば、すっきりするわけです。

わたしが面談でどのくらい時間をかけているかというのは、つまり「相手がすっきりしたらやめている」ということなんです。その意味では、「できるまでやる」。それも決めたんです。みんながわたしを信用してくれた非常に大きな要因は、わたしがその面談を続けてきたことだと思うんです。生半可な覚悟では続けられませんし、それがしんどいことだということは、誰の目にもわかりますから。

もし逃げたら自分は一生後悔する。

わたしは、お客さんに対しても、うちに仕事をくれる別の会社に対しても、相手が期待した以上のものを、いつも返してきたつもりなんです。

HAL研究所が会社として困難な状況に陥ったときは、そのリピーターだった会社の人たちが「ぼくらがなにかお手伝いできることがあったら、なんでもしますよ」と言ってくださって、じつは、わたしたちとの契約を切ろうとした会社は1社もなかったんです。

いまから考えると、自分が困難な状況にあったときに、わたしはそれにものすごく救われているんです。ふつうはそういう状況になると「信用に不安のある会社には仕事を頼んではいけない」となるんですね。だけど、そうならなかった。

経営が難しくなって十何億という負債を抱えたとき、「逃げる」という選択肢はいちばん最初にありました。だけど、まずそれを捨てたんです。

「もし逃げたら自分は一生後悔する」

最終的に決断した理由はそれしかないと思います。

理科系的に期待値を計算してなにが得かと考えたら、十何億もの借金を背負うという選択肢はないんです。ですから、逃げないと決めたのは、美学か倫理かわかりませんけど、そういう類のものです。一緒に汗をかいた仲間がいるのにどうして逃げられるか、というのがいちばん大きい要素でした。

わたしは妻にも感謝しています。多額の借金を抱えた会社の社長を引き受けることに関して、彼女から一度も責められなかったですから。

世間体も決してよろしくないし、一緒に生活する者として、すごいリスクを取っているわけなんですね。「なんでそんなことをしなきゃいけないんだ」と言われたって、ぜんぜん不思議ではないんです。でも、彼女はなにも言わなかった。それは、ほんとうに、ありがたかったですね。

社長になってからも、開発の責任者は自分がやっていました。「なにがこの会社の強みか」ということを考えたとき、開発を軸に立て直す以外に道はないだろうとすぐにわかりましたから。それは頭のなかで10秒でわかる答えといってもいいかもしれません。

わたしはそのとき、自分をつねにいちばん忙しいところに置くと決めていました。社内にチームはいくつかあって、忙しさのピークはズレていたわけですが、わたしはいちばん忙しいチームを応援しにいくことにしていました。

そうしたのは、まず、「そのときにどんな課題があるのかを見つけて分析して解決する力」が、当時、社内の開発者としてはわたしがもっともあると思っていたからです。

いちばんたいへんなところに自分が行くのが、会社の生産性にとってもっとも合理的であり、それと同時に、「岩田にものを決められること」に会社の人たちが納得するためには、問題解決の姿を目の前で見せることが、いちばんいいじゃないですか。「あの人が決めるならまあ納得しよう」と言ってもらうのに、こんなにいい方法はないんですよ。

そんなふうにして、わたしは開発のトップに立つことで、会社全体を見ていました。とくに当時は、ゲームというものはちゃんとつくれば売れるという、打率の高いものでしたから、わたしが開発の現場にいることは、いろんな意味でよかったんです。スーパーファミコンの全盛時代です。

会社が息を吹き返す大きな契機となったのは、『星のカービィ』です。最初は『ティンクルポポ』というタイトルでゲームボーイのソフトとして出す予定だったんですが、「このまま出すのはもったいない」と宮本茂さんがおっしゃって、いったん発売を中止し、調整し直して、任天堂発売の『星のカービィ』というソフトに生まれ変わるんですね。

当時、『ティンクルポポ』は広告も出ていて注文も取っていたんです。たしか注文数が2万6千本でした。発売を止めたときは、当たり前ですが、会社のなかで大激論がありましたよ。だって営業の人からしたら、もう、メンツ丸潰れもいいところですから。

しかし、最終的に、『星のカービィ』のゲームボーイ版は、500万本以上売れることになりました。単純に計算すると、当初の200倍も売れることになったわけです。

あのときの開発中止がなければ、当然ですが、現在の『カービィ』シリーズはないんですね。『カービィ』はこれまでのシリーズ累計全部でいったら、世界中で2千万本以上売れていますし、『カービィ』が登場する『スマッシュブラザーズ』のシリーズまで含めたら、累計3千万本を大きく超えていますから（2005年取材当時）、ほんとうに大きな転機でしたね。

◆岩田さんのことばのかけら。その1

ちいさいころのわたしは病弱で喘息持ちで、
転校したあとにいじめられっ子だったこともありました。
そういうときに、弱者の立場をけっこう経験しているんです。
たまたま最初に入った会社もちいさかったですから、
大きな会社とかに対しては弱い立場ですよね。
そういう、弱者の立場というのを、
自分が経験できたことはすごくよかったと思うんです。
任天堂の社長という「弱者じゃない立場」になってからも、
わたしはそういうところでの経験が絶対に捨てられませんし、
また、むかし、たいへんだったことに対して
うらみを晴らすというような気持ちがほんとにないんです。

ＨＡＬ研究所の社長をしていたころ、わたしは、
「もし自分よりも社長として適性のある人がいたら、
いつでもかわりたい」と、こころから思っていました。

わたし自身、開発者出身ですから、開発する人のマインドが、
ふつうの経営者よりは理解できているかもしれません。

大革命をするから、5年待ってください。
そのあいだは利益は出ませんと言ったら、
社長はクビになるんですよ。
だから、毎年、一定水準の利益を出しながら、
でも、変えていかなきゃいけない。
いってしまえば、飛びながら
飛行機を修理するみたいなところがあって。

わたし自身、振り返ってみても、
自分がふつうじゃなかったから特殊な道を選んだのか、
たまたま特殊な道を選んだからこういう自分でいるのかは、
もう、よくわからないですね。
ただ、少なくとも、これまで過ごしてきた環境と自分は、
とても相性がよかったんだろうなっていう、
そのくらいの感覚はありますけれども。

むかし、プログラムを書くというかたちでゲームをつくっていたときと
新しいハードやプラットフォームをつくっているときを比べると、
考えることの量や質は圧倒的に違いますが、
根本的な意識や姿勢はそれほど変わりません。
わたしはいま、むかしのようにプログラムを書く時間がないので、
プログラムを書くというかたちでは参加していないですけど、
自分もつくり手のなかのひとりだという意識ははっきり持てています。

自分たちは、なにが得意なのか。
自分たちは、なにが苦手なのか。
それをちゃんとわかって、
自分たちの得意なことが活きるように、
苦手なことが表面化しないような方向へ
組織を導くのが経営だと思います。

第二章

岩田さん

のリーダーシップ。

自分たちが得意なこととはなにか。

物事って、やったほうがいいことのほうが、実際にやれることより絶対多いんですよ。だから、やったほうがいいことを全部やると、みんな倒れちゃうんです。

ですから、自分たちはなにが得意なんだっけ、ということを自覚したうえで、「なには、なにより優先なのか」をはっきりさせること。順番をつけること。それが経営だとわたしは思います。

それでは、自分たちが得意なことってどういうことなのか。わたしはこんなふうに考えています。

仕事をするとき、同じくらいのエネルギーを注いでいるはずなのに、妙によろこんでもらえるときと、あんまりよろこんでもらえないときがあるんですよ。自分たちとしては、かけている手間も苦労も同じくらいなのに。同じ100の苦労をしたときでも、なぜかこっちの仕事のお客さんは100よろこんで、こっちの仕事のお客さんは500よろこんだ、みたいなことが起こるんです。

もっと簡単にいうと、仕事をやっていて、ものすごくつらいときと、そうでもないときがあるんです。仕事だから、当然つらいことも混ざります。というより、つらくないわけがない。そのときに、つらさに見合ったぶんだけよろこんでもらえないと、さらにつらくなるんです。で、苦労以上の評価をしてもらっているときは、社員も、どんどん元気になって、どんどん伸びていくように感じる。逆に、悪い循環になると、見る見る社員がしおれていって「これは、面談をしなければ」というふうになる。

つまり、自分たちがすごく苦労したと思ってないのに、妙に評価してもらえるときというのは、放っておいても、どんどんいい結果が出て、いい循環になって、どんどん力が出ていく状態。それが自分たちに向いている得意なこと。そうじゃないことは向いてないことだ、というふうに、わたしはだいたい判断していますね。

基本的に、人間って、自分の得意なことと他人の不得意なことを比べて、「自分は正当に評価されてない、不公平だ」って文句を言うんですよ。それは、自分でも、知らず知らずのうちにやってしまうことがあります。

これはわたしの勝手な説ですけど、生き物って自分の子孫を残すのが最終目的でしょう？子孫を残すためになにをしなければならないかというと、「自分は、他の個より、この部分が優れています」というプレゼンをしないといけないんですよ。ということはつまり、「わたしという個は、他の個よりも優れています」というアピールをするのが上手なDNAがいま生き残ってるんですよ。そういうことが得意じゃなかったDNAはだんだんいなくなってるはずなんだから。

だから、自分の得意なことをアピールする性質が生き物にはかならずあるわけで、自然とそうなってしまうんだと思うんです。会社という組織のなかでも、みんな、都合よく、自分の得意なことと、人の不得意なことをつい比較してしまう。

だから、逆に、会社全体のことを考えるときには、こういうふうに考えて、こういう軸で比較や評価をしていきましょう、という共通認識を持たないと、すぐに「不公平だ」となるんですよね。

苦しそうなことは、ほんとうはやめたほうがいいんですよ。だって、それは向いてないので。だけど、そうはいっても「我慢せなあかん」ということはあります。嫌いなことを全部やめようって、みんなが言い出したら社会生活が破綻しますから。

つまり、基本的には、その会社が「得意なことをする集団であろう」ということを目指すとしても、人と人が一緒に仕事をするためには、最低限、苦手だろうがなんだろうが、やってもらわないと困るということを決めないと一緒に働けないんですね。というときに、その「最低限のこと」を、なるべくちいさくすることが、経営者としてただしいんじゃないかなとわたしは思うんです。

そもそも会社というのは、持ち味の違うふつうの人が集まって、ひとりでは実行できないような巨大な目的を達成するためにあるわけですから。

ボトルネックがどこなのかを見つける。

コンピュータの進歩が速いのは、トライアンドエラーの回数が圧倒的に多いからです。

たとえば、ハードウェアを製造するときの金型を直すとかいうことになると、何種類かを試すだけでもすごく時間がかかります。でも、コンピュータのソフトウェアなら「マリオがどのぐらいの高さでジャンプすればプレイヤーが気持ちよく遊べるか」を一日に何度でも試せる。

現実には、パーフェクトなことというのはまずなくて、トライアンドエラーのくり返しです。「あ、ちょっとましになった」、「あ、ちょっとましになった」とくり返しながら、すこしずつよくなっていくわけです。

また、仕事には、たくさんの人が並列で処理しようとするときに、きれいに割れる仕事ときれいに割れない仕事があります。たとえば気象のシミュレーションみたいなことは、複雑であっても要素ごとに分けてばらばらのプロセッサで並列に計算をすれば、処理が高速化できるんです。一方、こちらのことがあちらに影響されて、あちらのことがまたこちらに影響を与えて、という種類の仕事では、そういった並列の処理ができません。

あらゆることがそうですけど、仕事って、かならず「ボトルネック」といわれるいちばん狭い場所ができてしまって、そこが全体を決めちゃうんですよね。逆に、全体をどうにかしたかったら、ボトルネックがどこなのかを見つけて、まずそこを直さないといけません。ボトルネックより太いところをいくら直したとしても、全体はちっとも変わらないんです。

わたしは、そのことはよく意識するようにしてきました。これは自分がコンピュータをやっていて得意だったことのうちのひとつです。

たとえば、「もっとプログラムを速くしてください」というときには、ボトルネックになっている部分がかならずあって、それが全体を遅くしているんですね。

プログラムの世界では、よく、「全体のなかの1%の部分が、全体の処理時間の七割から八割を消費している」などといわれるぐらい、そこばかり何回も処理しているということがあり得ます。ですから、そのボトルネックになっているところを直さない限りは、そうじゃないところをいくら直しても意味がないんですね。

ところが、人は、とにかく手を動かしていたほうが安心するので、ボトルネックの部分を見つける前に、目の前のことに取り組んで汗をかいてしまいがちです。そうではなくて、いちばん問題になっていることはなにかとか、自分しかできないことはなにかということが、ちゃんとわかってから行動していくべきです。

そのように心がけたとしても、行動のもととなるのは所詮仮説に過ぎないので、間違っていることもあるかもしれません。けれども、少なくとも「ここがボトルネックになっているはずだから、これをこう変えれば全体がこうよくなるはずだ」というふうに行動しなければいけないんですけど、わりとそれができないんですよね。

わたしは思うんですが、ひとりで取り組むコンピュータの世界にも、誰かと一緒に仕事をする世界にも、じつは共通点がすごくいっぱいあって、その共通点を見つけることでわかることがたくさんあるんです。それがわたしの「判断すること」や、「困難な課題を分析して解決の糸口を見つけること」に、ものすごく役に立っていると思います。

成功を体験した集団が変わることの難しさ。

何年ものあいだ、同じ方向の同じ考え方が通用して、それが成功をくり返していると、それによって成功の体験をした集団というのができますよね。

成功の体験をした集団というのは、自分たちが変わることへの恐怖があるものですが、わたしがいますごく意識しているのは、あらゆる変化の速度についてです。たとえばいまって、いろんな環境がとても大きく変わって、人の考え方も情報の伝わり方もすごく変わっているわけじゃないですか。

だから「いまよいとされているやり方は、ほんとうにただしいのか」ということを、わたしだけでなく会社中の人が疑ってかかって、変わっていく周囲の物事に敏感であるように仕向けていかないといけない、と考えています。

お客さんのニーズも変わるし、マーケットの環境も変わるし、情報の伝わり方も変わるし、人が欲しいと思う内容も変わるし、実際に買いにいく人も変わるし、売り場も変わる。あらゆることが変わり続けていくわけですから。

といっても、成功を体験した集団を、現状否定して改革すべきではないと思います。その人たちは善意でそれをずっとやってきて、しかもそれで成功してきている人たちなんですから、現状否定では理解や共感は得られないんです。

世の中のありとあらゆる改革は現状否定から入ってしまいがちですが、そうするとすごくアンハッピーになる人もたくさんいると思うんです。だって現状をつくりあげるために、たくさんの人が善意と誠実な熱意でやってきたわけでしょう？　不誠実なものについて現状否定をするのはいいと思うんですけど、誠実にやってきたアウトプットに対して現状否定をすることは、やってはいけないと思うんです。

わたしは任天堂がいまのこの環境なら変わったほうがいいと思うことはあるけれども、現状否定からは入りたくないし、入るべきだとも思っていません。

放っておけば会社がつぶれるし、変わらなければいけない理由は目に見えている……という状態のときには現状否定から入っても誰もそれに反対しないんですけれども、なかなかそれほど極端な状況にはなりません。

もちろん、任天堂も現状否定をしたいような状況ではありませんよね。

わたしは任天堂前社長の山内溥さんのことをすごく尊敬していますし、「こんなにすさまじいことを、自分が同じようになしとげられるとは到底思えない」と、いまだにすごく敬意を持って見ています。

ただ一方で、この局面で自分が託されたからこそ、やらなければいけないことはたくさんあって、それをしながら理解と共感を得るには、とても微妙な舵取りが必要です。

わたしはいま、たくさんのことを変えてもいるのですが、否定したいから変えるのではありません。

「わたしがもしもむかしの時代にいたら、いま任天堂がやっているのと同じような方法を取ったと思うよ。でも、環境が変わったでしょう？　周囲が変わったでしょう？　ぼくらが変わらなかったらどうなる？　ゆっくり縮小していく道を選ぶ？　それとも、もっとたくさんの人が、未来にぼくらのつくったものでよろこんでくれるようになる道を選ぶ？」ということなんです。

いい意味で人を驚かすこと。

自分たちがつくるものに対して、最初、お客さんは、たいして興味がないどころか、まったく興味がない。いつもそこから、はじまる。

そしてそこから、愛してもらうというか、わたしたちのつくったものに触れてニコニコしてくれる状態にまで線をつないでいかないと、自分たちの負けだって思ってます。最初だけ盛り上げて、とにかく買ってもらうというのではなく、半年後、1年後と、新しい提案を出し続けていって、お客さんが「ああ、気がついたら遊び続けてたわ」っていうことが起こらないとダメです。そうしないと、ほんとうの意味での目的を果たしたことになりませんから。

発売したあとも、二の矢、三の矢があって、それがほんとうにちゃんと当たるのか。お客さんのこころを射抜けるのかどうか。お客さんに遊び続けていただけるのかどうか。大丈夫だと思っていつもやっているんですけどね。

逆に、近視眼的な賢さといいますか、単純に、なにかとなにかを比べて「こっちのほうが得じゃん」ということでだけで選んでいくと、どうしてもそれは安易な道へ流れていってしまう。いま、任天堂がそうなっていない大きな理由は、自分たちの目的がはっきりしているからです。

けっきょく、自分たちのミッションは、「いい意味で人を驚かすことだ」ということが、すごくはっきりしたんです。「人を驚かす」ということができなければ、新しいお客さんの数は増えないんです。

人を驚かせるというのは、お客さんの予想を裏切ることでもありますから、強い決断が必要です。たとえば、ニンテンドーDSというゲーム機に、当初は多くの人が戸惑いました。

「2画面とタッチパネルのゲーム機をつくります」って発表したとき、多くの人は「あちゃー、任天堂、変になっちゃった」っていうふうに感じたと思うんです。

わたしたちからしたら、現在の延長上に未来はない、と思って決断したんですが、ふつうに考えている人にしてみれば、ただの常識外れに思えるんです。

面談でいちばん重要なこと。

世の中の面接って、どうして答えにくいことから訊くのかなって思うんですよ。なぜ答えやすいことから訊かないのかなと。

わたしの経験からいうと、面接官には2通りのタイプがあるんです。相手をほぐしてからその人の本性を引き出して、そのうえで選びたいと思っている人と、「ほぐれていないから話せない」というのもその人の社交性だったり、力だったりするから、そのまま評価してしまうという人と。

わたしは、前者です。後者の面接官って可能性を一部しか見てないと思うんですよ。まずはほんとうの自分を表現してもらわないとなにもはじめられませんからね。

わたしは、社内での面談というのは人一倍やるほうなんですけど、面談のいちばん重要なことって、相手が答えやすい話からはじめることだと思っているんです。

社内ではじめての人と話すとき、わたしは「どうして任天堂に入ろうと思ったの?」という質問からはじめるんです。それはかならず答えられることですから。どんな理由だろうと、かならずなにかあるはずだし、自分のことだから自分で答えられるはずなんです。ありのままの事実を語ることができて、しかもその人のほんとうの姿を垣間見ることができる。

ところが、「キミ、少子高齢化についてどう思う?」、「アメリカの景気はこれからどうなるのか?」なんて訊いても、答えられないかもしれない。それでは、面談をする意味がありませんから。

「どうしてこの会社に入ったの?」という質問のほかに訊くことがもうひとつあります。それは、「いままでやってきた仕事のなかでいちばんおもしろかったことってなに?　いちばんつらかったことってなに?」ということなんです。

これもね、自分のことですから、答えやすいし、なによりその人のことがわかるんです。

安心して「バカもん！」と言える人。

新しく社会に出たばかりの人は、いろんなことを知らなくて当たり前なんですから、「知らないことを恥ずかしがらない」ということがすごく大事です。

「オレってけっこう賢いでしょ？」って思わせるようなことは、先輩には、みんなバレます。しかも、バレるうえに、自分を飾ることは、すごく感じが悪い（笑）。

けっきょく、新人が会社からいちばん求められていることは、「飾るな」ということなんです。その一方で、いかに同じことで何度もほかの人を煩わせないかということ。

それから、新人って、どういうわけか、明らかに説教しやすい人と、しにくい人がいるんですよ。安心して「バカもん！」と言える人と、腫れ物に触るように叱らないといけない人がいるんです。

これって、じつはものすごい差なんです。こちらから与えられる量も、その人が吸収できる量も、最終的に大きく変わってくる。「バカもん！」と言われやすい人は、ものすごくたくさんのことを短期間に学べるんです。

そして、「バカもん！」って安心して言える人が入ってくると、じつは職場の人たちはすごくうれしい。いや、もちろん、「ぜひ、バカなことをしなさい」と言ってるんじゃないですよ（笑）。

どういう人が気持ちよく「バカもん！」と言われるかというと、おそらく、動機や行動が純粋で、悪気がないこと。言われたときに打たれ強いかどうかということではないですね。そして、前提として、たとえたしなめたとしても、こちらが「その人の人格を否定してない」ということが相手に伝わっていること。その信頼感がお互いにあるからこそ、安心して「バカもん！」と言えるんだと思います。

たとえ、知識もスキルもないとしても、「あなたの言うことを受け入れる用意があります」っていうことがその人から伝わってくるなら、できていないことや、やらなければならないことをきちんと言えるし、言われたほうもそれを学ぶことができるんですよね。

逆に、腫れ物に触るように叱らなくてはならない人っていうのは、「ここからは入ってこないでください」っていうバリアーみたいなものを、周囲に感じさせてしまう人なんでしょうね。そこに踏み込んでしまうと、その人のことを壊してしまうんじゃないかと、まわりの人たちが気づかってしまうというか。その人がなにを大切にしているのかがわかっていれば、安心して「バカもん！」って言えるんでしょうけど、大切なものがなんだかわからない人には、怒ったらその人の大切なものを意図せず踏みにじってしまうかもしれないという恐怖がありますからね。

怒ったり、説教したりすることって、やっぱり気をつかいますし、それなりに恐怖もある。だから、自分が言うことを新人が受け入れるつもりでいるかどうか、いい顔でこちらを見ているかどうかというのは、とても重要なことだと思います。

わかりやすくいうと、なるべくなら、「ほんとうにやりたそうにしてる人」に仕事は渡したいんですよ。人間ですからね、嫌そうにしている人に大切なことを任せたい人なんかいないんですよ。

仕事はやっぱりたいへんだし、嫌なことはいっぱいあります。きっと、我慢もしなきゃいけません。ですけど、おそらく、その人にとって「仕事がおもしろいかどうか」というのは、「自分がなにをたのしめるか」という枠の広さによってすごく左右されると思うんです。

考えようによっては、仕事って、おもしろくないことだらけなんですけど、おもしろさを見つけることのおもしろさに目覚めると、ほとんどなんでもおもしろいんです。この分かれ道はとても大きいと思います。

プロジェクトがうまくいくとき。

わたしの経験からいうと、あるプロジェクトがうまくいくときって、理想的なリーダーがすべて先を読んできれいに作業を割り振って分担して、その通りにやったらできました、という感じのときではないですね。とくに、わたしたちの仕事は、人を驚かせたり感動させたりすることですから、事前に理詰めで計画を立てて作業を分担させることが難しい、というのもあるんですが。

どういうときに企画がうまくいくかというと、最初の計画では決まってなかったことを、「これ、ぼくがやっておきましょうか?」というような感じで誰かが処理してくれるとき。そういう人がたくさん現れるプロジェクトは、だいたいうまくいくんです。逆にそういう現象が起きないときは、たとえ完成したとしても、どこかに不協和音のようなものがあって、あんまりよくないんですよね。

たとえば、Wiiをつくっているときなんかは理想的で、「ここがちょっと問題だから、やっておきましょうか」っていうことがこれまでのハードのなかでいちばん多かったように思います。きっとそういうムードができていたんでしょうね。

また、Wiiの開発チームでは、プロジェクトのごく初期のころから、「Wiiはこういうゲーム機にしたいんだ」という話をものすごくたくさんしていました。だから、「こうありたい」

というイメージがかなり共有されていたというのも、プロジェクトがうまく運んだ要因かもしれないですね。

つまり、「こうなりたい」というイメージをチームの全員が共有したうえで、現実的な問題が起こったとき、あるいは起こりそうなときに、誰かが発見して、自然と解決していく。それが理想のかたちなのかもしれません。

自分以外の人に敬意を持てるかどうか。

働くことって、ひとりじゃできないじゃないですか。かならず、誰かとつながりますよね。会社というのは、ひとりではできないような大きな目的を達成するために、いろんな個性が集まって力を合わせていく仕組みとしてできたものです。

もしも、経営者がなんでもできるんだったら、ひとりで全部やればいいんです。自分がいちばん確実で、自分がいちばん当事者意識があって、自分がいちばん目的を知ってるんですから、自分ですべてできるなら自分でやればいいんですけど、そんなことをしていたら、ひとりの時間とエネルギーの限界ですべてが決まってしまうんですよ。

だから、会社で働く人は、自分で担当すること以外は仲間たちに任せて、ゆだねて、起こる結果に対して腹をくくるわけですよね。で、その構造が、規模が大きくなればなるほど階層的になり、より幅が広がっていく。それが会社というものですよね。

そういうふうに、誰かとつながりながら、何事かを成し遂げようとするとき、自分以外の人たち、別の意思と価値観を持って動いている人たちに、「敬意を持てるかどうか」っていうのが、ものすごく大事になってくるとわたしは思ってるんです。

まず、明らかに自分と意見の違う人がいる。それは、理不尽にさえ思えるかもしれない。でも、その人にはその人の理屈と理由と事情と価値観があるはずなんです。そして、その人たちは、自分ができないことをできたり、自分の知らないことを知っていたりする。だから、すべてを受け入れろとは言いませんけど、自分にはないものをその人が持っていて、自分にはできないことをやっているということに対して、敬意を持つこと。この敬意が持てるかどうかで、働くことに対するたのしさやおもしろみが、大きく変わってくるような気がするんです。

たとえばわたしは任天堂の社長をやってますけど、絵は描けませんし、作曲ができるわけでもない。立場上、わたしは上司で社員は部下かもしれませんが、ひとりひとりの社員はわたしのできないことを専門的にやっている人たちだといえます。

そういう人たちに対して、わたしは非常に敬意を持っているんです。というか、そうあるべきだと思って生きてきました。

ちなみに、わたしのそういった姿勢というのは、自分が30代前半のころに糸井重里さんと会って学んだことなんです。自分より10歳以上年上の糸井さんが、自分の知らないことをできる人にすごく敬意を持って接しているのを見て、「かっこいい。ああなりたい」って思ったんです。

もっというと、「糸井さんは、自分のできないことをやっている人に対して、素直に感動したり敬意を持ったりしているだけで、それは特別なことじゃないんだな」っていうふうにわかったんです。

だから、わたしが言ってることって、道徳観じゃないんです。つまり、仕事で出会ういろんな人たちに敬意を持って接することが、自分の仕事をおもしろくしてくれる。それを言いたいだけなんです。

余談ですが、わたし、いまよりずっと若いころ、自分がものすごく忙しく感じていたころに、「自分のコピーがあと3人いればいいのに」って思ったことがあるんです。でも、いま振り返ると、なんて傲慢で、なんて視野の狭い発想だったんだろうって、思うんですよ。だって、人はひとりひとり違うから価値があるし、存在する意味があるのに、どうしてそんなこと考えちゃったのかなって、恥ずかしく思うんです。

いまのわたしは逆に、ひとりひとりがみんな違う強みを持っている、ということを前提にして、その、ひとりひとりの、人との違いを、きちんとわかりたいって思うんです。それがわかってつき合えたら、いまよりもっと可能性が開けるって、いつも思ってますね。

◆岩田さんのことばのかけら。その2

ほんとうは得意になる才能を持ってるんだけど、
「オレは苦手だ、わたしは苦手だ」って
本人が勝手に思ってることってあるんですよ。
たとえば、世の中に、
「オレはマネジメントが得意だ」って
最初から思ってる人なんていないんですよ。
マネジメントなんか大嫌いで、
「ものづくり一筋の職人としてやっていきたい」

と言ってたような人が、
「人にものを教えるのは、おもしろいなぁ」って、
変わっていくのをわたしは何度も見てきました。
それは、その人が気づいてないだけで
じつはその人がもともと持っている才能なんですね。
その人自身は気づいてなかった部分を
誰かが探すことができたとき、
人は思いがけない方向に伸びていくことができるんです。

技術者も、絵描きも、「オレがいちばんうまい」という
自信やうぬぼれがないとエネルギーが出ないでしょう。
プログラムをやる人だって、
自分のやり方がいちばんいいと思っている。
そんな人どうしが一緒に開発をすると、
かならず衝突が起こるんです。
だって、クリエイションはエゴの表現ですから。
エゴの表現をし合っている人たちが、
なにもしないで考えを一致させるはずがないんです。
全員が善意と情熱でやっているから
「自分はただしい」と思っている。
全部違う方向を向いているのを、
どうやってそろえたらいいのか。
わたしが会社に入ってすぐに開発の責任者になったというのは、
ある意味では、マネジメントのための
とてもいい訓練になったんです。

人にはポテンシャルがありますからね。
その、人々が持っているポテンシャルを、
なるべく有効に活かせるようにすることは、
組織のほうで助けられるんじゃないかと思います。
逆にいうと、組織のなかで内向きに消えていく力、
無駄な方向へ消費されていくエネルギーって
ものすごくあるわけで、それの向きをそろえるだけでも、
外に対してものすごく有効な力になると思います。

どの程度たいへんかということを漠然と知りつつも、
「なんとかなる」という前提でいる。
リーダーって、そうじゃなきゃいけないんですよ。
「なんとかなる」という前提ですべてが動いているからこそ、
みんなが「なんとかしなきゃ」って思うんです。
それは、わたしもときどきやるんですよ。
たとえばWiiをつくったときに、わたしは
「本体をＤＶＤケース３枚ぶんの厚さにしてほしい」
ってスタッフに言ったんです。
もちろん、そうとうたいへんなのはわかってるんですけど、
わからない振りしてやるんですよ。
難しいに決まってるんですよ。
で、もちろん、そればっかりじゃダメで、
無理難題を言うときと、そうじゃないときと、
メリハリは、つけないといけない。
つねにトップが無理難題を言うばっかりじゃ、

組織が回っていかないですから。

あらためてわたしが思うのは、
やはり目標を定めるのが大切だということです。
たとえ、それが前例のない目標だとしても。
単純に、仕様を積み上げていくことをくり返していくだけだと、
どうしてもマージンが重なって大きくなるだけでしょう。
それよりも、やりたいことが明確にあるのであれば、
「こうしたいんですよ」っていうところから
逆算して目標に向かっていくほうがただしいと思うんです。

やっぱり、社長が「こうしたいんだ」って
一度言っただけでは全員が腹に落ちるわけではないです。
何回も何回もくり返し言われ、
そのなかで、あるとき、言っていたことのなにかが現実になって
「ああ、そういうことか」となって、
ひとり腑に落ち、ふたり腹に落ち、という感じで、
「任天堂はここを目指していて、だからいまこう動くんだ」
ということが全員に浸透していって、
自分たちの目指す近未来のイメージが
共有できるところまで来たのかなと思います。
ですから、まあ、きっと同じことを
しつこく言い続けてきたということにつきるのかもしれません。

説明してそれを聞いた人がわかるのと、
そのわかった人がほかの人に
説明できるほどわかることは、
ぜんぜん別ですから。

自社のシェアがトップのときでも、
非連続な変化を伴う決断ができるかどうか。
シェアがトップのときの舵取りのしかたは、
そうではないときとまったく同じには、ならないと思います。
ただし、まったく同じにならないだけで、
危機感を持ったら、違う方向に走らないと、
時間の過ぎるスピードはものすごく速いですから、
のろのろしていると手遅れになると思うので、
もしこのまま行くと未来はないと感じたら、
トップシェアを取っていても、相当乱暴な方向へ、
「トップなのに、そんなことしなくても、
いまを守ればいいじゃないですか」って
たくさんの人から止められようと、
きっと舵を切ると思いますね。
ただ、やり方は同じではないでしょうけど。

ニンテンドーDSがブレイクし、
Wiiが世界的な評価を得て受け入れられたことは
すごく運がよかったと思ってます。
ただ、ひとつだけ自信を持っていえるのは、
幸運を引き寄せるための努力を、
任天堂という会社全体が
ものすごくしてるということですね。
逆に、同じように努力をしても、
運に恵まれなくて、結果を出せていないものが、
世の中にはたくさんありますから。

大きな組織になるほど、
「今回はこれにこだわると決めた！」
みたいなことが必要になってくるんですよ。
だって、会社にとって、
やったほうがいいことなんて無限にありますから、
誰かが方針を決めないと
パワーがどんどん分散していくわけです。
だから、宮本さんなり、わたしなりが、
「これをやりましょう」って
きちんと選ばないといけない。

問題は、いつストレッチする（※高い目標に挑むこと）かなんですよね。
天の時と噛み合ったら「勝負」なんですけど、
天の時と噛み合わないときにストレッチすると、
たいてい、破滅が待っているので。

本気で怒る人にも、
本気でよろこぶ人にも出会えるのが、
働くことのおもしろさじゃないですかね。

第三章

岩田さん

の個性。

「なぜそうなるのか」がわかりたい。

わたしは、なるべく、「なぜそうなるのか」がわかりたいんです。そうしていないと気が済まないんです。

なぜこういうことが起こるのか、なぜこの人はこんなことを言ってこんなことをするのか、なぜ世の中がこうなっているのか……。自分のなかで、なるべく「これはこうだからこうなんだよ」とわかりたいんですね。

そのために、事実を見たら、つねになぜそうなるのかの仮説を立てるんです。仮説を立てては検証して、とくり返しているうちに、より遠くが見えるようになったり、前には見られなかった角度でものが見られるようになったりするんです。

これはわたしが糸井重里さんに学んだことなのですが、糸井さんはしばしば未来を見通すようなことをするんですね。糸井さんがいいなと言ったものが流行ったり、売れたりする。わたしは実際にそういう場面に何度も居合わせてきました。

それで、わたしは糸井さんに「なんでこれが流行ることが半年前にわかったんですか」と何度も質問することになるんです。

そしたらいつもおっしゃるのは、「ぼくは未来を予言していないよ。世の中が変わりはじめたことに、人よりすこし先に気づいているだけなんだよ」ということでした。

それを聞いて、わたしは自分がそれをできるようになるにはどうすればいいのかと思ったんですね。それで、仮説を立てては検証するということをくり返してきました。そのおかげで、人がまだ変化を感じていないうちに気づくということに関しては、わたしはあの当時よりもいまのほうがずっとできていると思います。

また、わたしは、ただしいことよりも、人がよろこんでくれることが好きです。

自分の価値体系のなかには、「まわりの人がよろこぶ」とか、「まわりの人がしあわせそうな顔をする」とかいうことが、すごく上位にあるんですよ。もう、「そのためなら、なんだってしちゃうよ！」というところがあるんです。

一方、ただしいことというのは、なかなか扱いが難しい。

ある人が間違っていることがわかっていたとしても、そのことを、その人が受けとって理解して共感できるように伝えないと、いくらただしくても意味がないわけです。

ただしいことを言う人は、いっぱいいます。それでいっぱい衝突するわけです。お互い善意だからタチが悪いんですよね。だって善意の自分には後ろめたいことがないんですから。

相手を認めることが自分の価値基準の否定になる以上、主張を曲げられなくなるんです。

そしてそのとき「なぜ相手は自分のメッセージを受けとらないんだろう?」という気持ちは、ただしいことを言う人たちにはないんですね。

逆にいうと、コミュニケーションが成立しているときって、どちらかが相手の理解と共感を得るために、どこかで上手に妥協をしているはずなんです。

ご褒美を見つけられる能力。

人って、あることを続けられるときと、続けられずにやめちゃうときってあるじゃないですか。

たとえば、「英語くらいしゃべれたほうがいいよな」っていままでまったく思ったことのない人っていないと思うんです。だけど、非常に高い割合で挫折するんですよね。

そこに、「自分が得意かもしれないこと」を見極めるヒントがあるような気がするんです。

じつはこれは、ゲームを開発するときに発見したことなんです。

ゲームって、すぐにやめちゃうゲームと「なんかやっちゃうんだよね」っていうゲームがあるんです。同じように丁寧に仕上げたゲームでも、本質的なおもしろさとは別の次元で、続くゲームと続かないゲームがある。このことと、いろんな習慣が継続するかということは、すごく似ているんですよ。

共通することがなにかというと、人は、まずその対象に対して、自分のエネルギーを注ぎ込むんですね。時間だったり、労力だったり、お金だったり。そして、注ぎ込んだら、注ぎ込んだ先から、なにかしらの反応が返ってきて、それが自分へのご褒美になる。

そういうときに、自分が注ぎ込んだ苦労やエネルギーよりも、ご褒美のほうが大きいと感じたら、人はそれをやめない。だけど、返ってきたご褒美に対して、見返りが合わないと感じたときに、人は挫折する。

これは「やめずに続けてしまうゲーム」の条件としても成り立ちますし、「英語を学ぶときに挫折しないかどうか」も、同じ理屈で説明ができると思うんです。

自分の得意なものが、放っておいても、どんどんうまくなることも同じ仕組みだと思うんです。たとえば、絵を描く人は、誰に頼まれるでもなく絵を描いて、それをまわりの人がほめてくれる。そういうくり返しのなかで、どんどんうまくなる。

あるいは、わたしだったら、むかしはわからなかったコンピュータのことが徐々にわかっていって、わかっていくことでさらにおもしろくなる。

商品や企画をつくっている人だったら、世の中を見て、自分がおもしろいと思うことをどんどんつくってリリースしていって、それが受け入れられたときに快感が生じて、そういうことがどんどん得意になる。この循環を成立させられることこそがおそらくその人の才能だと思うんです。

つまり、才能というのは、「ご褒美を見つけられる能力」のことなんじゃないだろうかと。「なしとげること」よりも、「なしとげたことに対して快感を感じられること」が才能なんじゃないかと思うんですよね。いってみれば、ご褒美を見つけられる、「ご褒美発見回路」のようなものが開いている人。

たまにね、ご褒美を見つけられる寸前まで行ってるのに、その回路が開いていない人がいるんですよ。そのときに、「こういうふうに考えてみれば?」とか、「だまされたと思ってあと3回我慢してみたら?」みたいなことを言うと、うまくいくときがあるんです。

自分が注ぎ込んだものよりも、ご褒美のほうを大きく感じる瞬間が来れば、よい循環がはじまるし、それが続くんです。たぶん、人が自分の人生のなかで、「ここが得意かも」って思ってることって絶対ご褒美回路が開いてますよ。

そして、それがひとつあると、できることがさらに増えていくんです。というのも、そのご褒美回路のそばに、似たようなことで自分がご褒美だと感じられる別の新しいものがあるんです。

いままで得意だとは思ってなかったことで、「じつは、これも同じじゃん」って思えるようなことが出てくる。たとえば、プログラムをつくることと、会社経営はよく似たところがあるぞって、わたしは発見していくわけです。

そういったつながりが発見できないときは、得意なことは増えていきません。たとえばわたしがプログラムだけを専門にしていたときは、組織や経営の本を読んでも、つながってないからほんとうの意味では頭に入ってこないんですね。たしかに知識は増えるんですけど、知識が増えるだけだと達成感がないんです。「明日、これがつかえるぞ」っていうことがないんですね。そうすると、「ご褒美」が感じられないわけです。

自分の身のまわりにあることとつながっていないことを無理に勉強しても、身につかないんですよ。だったら、それに時間を費やすよりも、自分が好きで得意なことをやろう、という優先順位になってしまうんです。

プログラムの経験が会社の経営に活きている。

プログラムというのは、純然たる、純粋なロジックなので、そこに矛盾がひとつでもあったら、そのシステムはちゃんと動かないんですね。

機械のなかで間違いは起こらないんですよ。間違いは全部、機械の外にある。だから、システムが動かないとしたら、それは明らかに自分のせいなんです。

でも、プログラマーって全員、プログラムができた瞬間には、「これは一発完動するに決まってる」と思って実行してみるんです。でも、絶対に一発完動なんてしないんですよね。にもかかわらず、その瞬間だけは、「オレは全部ただしく書いたに決まってる」って思い込んで実行キーを押すんです。

プログラムの世界は、理詰めです。だから、もしも完動しないとしたら、原因は全部、プログラムしたこっちにある。

わたしは、人と人とのコミュニケーションにおいても、うまく伝わらなかったらその人を責めずに、自分の側に原因を探すんです。コミュニケーションがうまくいかないときに、絶対に人のせいにしない。「この人が自分のメッセージを理解したり共感したりしないのは、自分がベストな伝え方をしていないからなんだ」と思うようにすると決めたんです。

それはきっと、プログラムをやっていたおかげですね。だって、システムが動かないときは、絶対に間違ってるんですよ、プログラムが（笑）。

だから、人と話してうまくいかなかったら、「わからない人だな」と思う前に、こっちが悪かったんだろうと思う。うまくいかないのならば、自分が変わらないといけない。この人に合ったやり方を、こちらが探せば、理解や共感を得る方法はかならずある。いまでも、コミュニケーションがうまくいかなかったら、自分の側に原因を求めています。そう思えるのは、きっと、過去に組んできたプログラムのおかげですね。

ほかにも、プログラムの経験が会社の経営に活きていることはたくさんあります。たとえば、何層にも重なった複雑な問題を単純化してほぐしていくときには、プログラマーとしての経験がものすごく役立っています。

問題を分析するというのは、物事を要素に分けて分解して、そのなかで「こうすればこれは説明がつくよね」という仮説を立てていくことです。プログラマーは、なにか問題があるとき、それに対して、いくつも仮説を立てては頭のなかで比べるということを、日常的にくり返しています。

ですから、複雑な問題に立ち向かうときに、足腰があらかじめ鍛えられているんですね。経験してきたトライアンドエラーの回数が多いですから、それについては毎日筋トレをしているぞ、という程度の自負はあるんです。

それが合理的ならさっさと覚悟を決める。

新しいなにかにぶつかって、いままでのやり方が通用しないようなところに進まざるをえなかったとき、わたしはまず、ほかにいい選択肢がないかを考えます。自分がそうするよりも、もっといい選択肢はないのか。自分じゃない誰かがそれをやるとどうなるか。

そして、好きか嫌いかではなく、「これは、自分でやるのがいちばん合理的だ」と思えたら、覚悟はすぐに決まります。

ですから、これまでわたしが取り組んできたことについては、自分がやるのがいちばん合理的だと思ったんでしょうね。少なくともその瞬間に迷いはなくて、自分にかならずできるとは思わないけれど、自分が立ち向かうのがいちばんましであると。

これもまた、プログラマー的な思考かもしれませんね。

好きとか嫌いとか、たいへんとかたいへんじゃないとかよりも、「それは合理的であるか否か」と思ってやってきました。いや、だから、できることならしないでおきたかったことは、たぶん、いっぱいありますよ（笑）。

すごくわかりやすいところでいうと、ステージに立ってスピーチをするというのは、いまでも、好きでも得意でもないと思ってます。しかも、2001年以降は英語でスピーチすることになりました。わたしは幼少期にアメリカに住んでいたわけでもなく、高校時代は英語が苦手でした（笑）。

でも、ほかの誰かに「やれ」って言うよりは、自分がやったほうがいいなと思うからやってます。その判断があるから、覚悟が決まるんですよ。どうせやらなきゃいけないなら、さっさと覚悟を決めて前向きに取り組んだほうがいいじゃない、っていうことなんでしょうかね。

同じ意味で、やってないこともいっぱいありますよ。覚悟を決めてやってることもあるけど、してないこともいっぱいあるし、してないことはしないで済むからしてないんですよ。で、やらなきゃいけないことを、やってるんです。

英語のスピーチに関していえば、まず、誰かがそれをやらなければいけない。わたしがはじめて壇上でスピーチしたときは、まだ社長に就任していないころですから、社長としての当然の任務というわけでもなかったんです。

ただ、とにかくアメリカで大きな発表の場があって、誰かが任天堂というのはこういう考えでやっているんだということをしゃべらなければいけない。

宮本さんにやってもらうという選択はありますけど、もしそうするなら、宮本さんにスピーチとプレゼンの練習をしてもらわなきゃならない。わたしは、宮本さんの時間をそこに費やすより、おもしろいゲームをつくってもらうべきだと考えました。だとしたら、自分がやるしかない。そういう判断だったんです。

そして、とても重要なことは、結果的にそれがただただ嫌なことだったわけではなく、自分がやるという覚悟によって、「できなかったことができるようになる」というおもしろさにつながったということです。

たいへんだけど、同時におもしろみも見つけることができた。それでわたしは、英語のスピーチなんていう不得意に決まってるものを、いままで続けてこられたんだろうと思います。

「プログラマーはノーと言ってはいけない」発言。

わたしはむかし、「プログラマーはノーと言ってはいけない」と言ったことがあります。ゲームづくりの過程において、プログラマーが「できません」と言ったら、せっかくのアイディアがかたちにならないだけでなく、つぎの新しいアイディアも出しにくくなります。プログラマーがプログラムしやすいことばかりを考えていたら、枠を超えたすばらしいアイディアなんて出ません。また、最初はできないと思えたことが試行錯誤しているうちに達成できたということもしばしばあることです。

だから、プログラマーは、軽々しく「ノー」と言ってはいけない。これは、本質的には間違ってないといまでも思っています。ただ、これはわたしの責任なんですが、発言がちょっと独り歩きしている部分があります。

プログラマーが「ノー」と言ったら可能性を閉ざしていくことになるというのは事実なんですが、あらゆる開発の条件は無限ではありません。ゲームづくりというのは、有限の制約のなかでやるものです。だから、ほんとうにできないことは「できない」と言わなければいけない。

できる可能性があるとしても、「できるけど、これが犠牲になるよ」とか、「できるけど、これとは両立しないよ」といったことを、きちんと理解し合ったうえで進めていくべきだとわたしは思います。

そういったことを、「プログラマーはノーと言ってはいけない」ということばとセットにしておいてほしいですね。間違っても、「プログラマーはできないって言うな！」というふうにならないように。

当事者として後悔のないように優先順位をつける。

人がよろこんでくれる、というゴールさえあれば、どれだけ難しい問題であっても、当事者として取り組み、解決策を考えてしまう。わたしのそういう性質を評して、糸井さんは「それはある種の病だ」とおっしゃいました（笑）。

たしかに、わたしは困っている人がいたり、そこに問題を抱えている人がいると、その問題を解決したくなるんです。正確にいうと、目の前になにかの問題があったら、「自分だったらどうするだろうな」というのを真剣に考えずにはいられない。助けるというよりは、当事者として真剣に考えてしまう。

なぜ、そうなるのかというと、その人のことが好きだからでもかわいそうだからでもなくて、その人がうれしそうにするのが、おもしろいからですね。だから、あくまでも理念としてですが、問題が解決されたとき、その人がうれしそうにしてくれるのなら、それは誰であってもかまわないということになります。

もちろん、時間が無限にあるわけではないですから、その人やその問題と、最終的にどういう時間のレンジでつき合っていくかは、選択していくしかありません。それは、ある種のジレンマでもあります。

とくに、インターネットが登場してからは、場所とか、距離とか、物理的なスペースとか、そういった制約がいっぺんになくなってしまいましたから、ジレンマを感じることも増えました。

自分になにができるだろうかということを考えたとき、けっきょく最後は、時間の制約を受けることになります。たとえば、ある1日の仕事ということについて考えると、これまでは、わたしが京都にいる場合は、京都にいる人にしか会えなかったわけです。だから、京都にいる人だけを思い浮かべながら「誰と会えば、いい時間になるか?」と考えていればよかった。でも、いまは、インターネットが普及したことによって、地球の裏側にいる人とも、日常的にやり取りできるようになってしまった。

また、インターネットは自分の動機を広げることもあります。むかしは、誰かがどこかで困っていても、「自分が助けられることがあるかもしれない」ということを知らないまま生きていけたんですけど、いまは、ひょっとしたら、「自分が役に立てるかもしれない」ということが見えてしまう。しかし、つかえる時間の制約がなくなったわけではないのです。

つまり、誰となにをするかという選択肢は以前よりも飛躍的に増えたけど、何十人、何百人と、やり取りできるわけではない。だとしたら、どの選択肢を選んだら、1日の時間のつかい方として後悔しないで済むんだろうか、ということがとても難しいテーマになってきたわけです。

それは、いわゆる、「効率よく働きましょう」というような、真面目な意味ばかりではないんです。だって、すごくくだらないことをぼんやり考える時間だって、絶対に無駄じゃないですからね。

そうすると、やっぱり、自分の有限の時間やエネルギーをどこに向けるべきなんだろうかということになる。突き詰めて考えていくと、「自分が生まれてきた意味」というところまで行っちゃったりします。

いずれにせよ、間口を広げてしまうだけだと、なにもできなくなります。会社としての選択もそうですが、漠然とマスに向けた行動になってしまうと、底引き網的にやるしかないので、ひとつひとつに対して丁寧にできないんですよね。すると、深さも出ないし、あと、なにより副次的に生まれるものがない。

ですからやっぱり、個人においても組織においても、できることをきちんと整理して、後悔のないように優先順位をつけていく。後悔って、するに決まってますけど、できることならしたくないというか、「あのときああしておけばよかった」ということが、ちょっとでも減ったらいいなと、わたしはいつも思ってるんです。

◆岩田さんのことばのかけら。その3

自分がぜんぜん違う環境にいたら、
もっと趣味に生きていると思います。
わたしは、もともとは、放っておいたら、
おもしろそうなことをやって
ときどきまわりの人にそれを見せて、
よろこばれたらしあわせという人です。

わたしは思うんですけど、
考えてもしょうがないことに
悩むんですよ、人って。
悩んで解決するなら
悩めばいいんですけど、
悩んでも解決しないし、
悩んでも得るものがないものを、
人間って、考えてしまうんですよね。

わたしより若くて社歴が短くて経験が浅くても、
書いたプログラムが短くて速かったら、
それははっきり「いい」とわかるじゃないですか。
同じことをやるのに、
より短くてより速いプログラムがあったら、
そのほうがなにかがいいわけです。
わたしが敬意を払ってその方法から学ぶのは当たり前です。
自分のできないことをできる人のことは、
性格が好きとか嫌いとか、
そういうこととは別に敬意を持てるんです。
わたしは、そういうところは、
公正といえば公正なのかもしれません。

たとえば、ある料理店で、お客さんが
出てきた料理について「多い」と言ってる。
そのときに、「多い」と言ってる人は、
なぜ「多い」と言ってるのか。
その根にあるのは、じつは「多い」ことじゃなくて、
「まずい」ことが問題だったりするんです。
だから、ほんとうはたいして多くもないのに、
「多い」って言われた問題だけを見て、
「まずい」ことに目を向けられなかったら、
量を少なくしたところで解決にはならないんです。
ほんとうの問題が「まずい」ことだとしたら、
「まずい」ことを直さないと、
「多いから少なくしました」というのは、
一見解決してるようで、じつはなにも解決してない。

自分がなにかにハマっていくときに、
なぜハマったかがちゃんとわかると、
そのプロセスを、別の機会に
共感を呼ぶ手法として活かすことができますよね。

ものをつくっていると、毎日の苦労は
「人が苦労してやるしかない」ということと、
「こんなことは機械がやればいいのに」
ということのふたつに分かれるんです。
ですから、わたしは、早い時期から
「機械がやればいいことを自動化する仕組み」を
つくろうと思うわけです。
もともとわたしは単純作業にはすぐに飽きるんです。
らくをしたいし、おもしろいことだけをしたいんです。
だから単純なことで毎日何回も同じ苦労をするのが
嫌でしょうがなくて……。
それを他人にさせるのもすごく嫌なんです。

「年齢性別経験を問わずたのしめるものをつくる」という
任天堂のミッションをこなすときの姿勢と、
「機能はシンプルであるほうがいい」とか、
「わかりやすくあるべきだ」とか、
「その場に選択肢が多過ぎるとお客さんが戸惑うから
　単純化したほうがいい」というような
Appleの企業哲学、もっというと、
スティーブ・ジョブズという人の価値観には
一定の共通項があると思っています。
しかし、一方で、明らかに彼らはハイテクの会社で、
任天堂はエンターテインメントの会社ですから、
やはり、優先度の置き方には大きな違いがある。
たとえばわたしたちは、あと0・5ミリ薄くできることより、
丈夫にすることを、間違いなく、躊躇なく選ぶと思いますし、
逆に、Appleが、iPodを自転車のカゴの高さから

何度も落とすような耐久試験をするべきだとは思いません。
Appleと任天堂に共通点があるとすれば、
「シンプルにすることによって魅力を際だたせる」
というようなことじゃないかと思います。
物事は、突き詰めていくと、どんどんシンプルになる。
でも、やっぱり違いますよ。優先順位が違うから。

わたしは、スピーチや講演のときには、原稿を全部自分で書いて、
プレゼン資料まで自分でつくらないと気が済まないタイプなんです。

第四章

岩田さん

が信じる人。

アイディアとは複数の問題を一気に解決するもの。

「アイディアというのは、複数の問題を一気に解決するものである」

これは、ゲームをつくってるときに、任天堂の宮本茂さんが言ったことで、宮本さんはゲームをつくるときのひとつの方法論としておっしゃってたんですけど、わたしは、ゲームづくりに限らず万能な考え方だと思うんですよね。

どんなものでもそうだと思うんですけど、なにかをつくるときって、「あちらを立てればこちらが立たず」という問題がつねにあるわけです。

だから、なにかのことに対して、「こうしたらよくできる」、「こうしたら悪くなる」という選択があるわけですが、現実になにか商品をつくるときには、「ひとつだけ困ったことがある」という恵まれた状態になることなんてまずなくて、あちこちに困ったことがいくつもあるんです。それは、商品だけじゃなくて、組織もそうだし、対人関係もそうだし。

そういったことに対して、「これは、こうだから、こうしたらいいんです」って、ひとつだけ改善したとしても、全体を前進させることはできない。努力してひとつをよくしたとしても、なんらかの副作用が出てきますし、いままでうまくいってたことがうまくいかなくなったりもします。

だから、アイディアを出す会議などで、「この問題をどうしよう?」ということを話し合っているときに、当然いろんな人がいろんなことを言うんですけど、たいていそれは、ひとつの問題を解決するだけで、ほかの問題を解決させるわけではない。つまり、汗をかいたぶんしか前進しないんです。

ゲームの話についていうと、多くの場合、おもしろさが足りなくて悩むわけです。当然ネタがたくさん仕込まれてるほど、おもしろいわけだし、人は満足してくれる。でも、一方で、つくるのに割り当てられる人材の量や時間は有限です。有限のなかで「多いほどいい」って言われたって、解決できないわけですよね。

ところが、ときどき、たったひとつのことをすると、あっちもよくなって、こっちもよくなって、さらに予想もしなかった問題まで解決する、というときがあるんですよ。

そういう「ひとつのこと」を、宮本さんは「ないか、ないか」って、いつも考えてるんです。ものすごくしつこく、延々と。

むかし、わたしがHAL研究所の社長を務めていたころ、突然、宮本さんが電話をかけてきたことがあるんですけど、その第一声、なんだと思います?

「わかったよ、岩田さん」って言うんですよ。

宮本さんが「わかった」と言ったのは、そのときに一緒につくっていたゲームのアイディアだったんですけど、まさに、「このアイディアで、悩んでる問題が、三つ四ついっぺんにきれいになる」というものだったんですね。

ひとつ思いついたことによって、これがうまくいく、あれもうまくいく……。それが「いいアイディア」であって、そういうものを見つけることこそが、全体を前進させ、ゴールへ近づけていく。

ディレクターと呼ばれる人の仕事は、それを見つけることなんだって宮本さんは考えているんですね。

で、それを自分なりに受け止めると、これは、まったくゲームに限った話じゃないぞと。世の中、あちらを立てればこちらが立たないことだらけです。そういう状態を「トレードオフ」と呼ぶんですが、世の中のあらゆる人たちはトレードオフの問題に直面しているんですね。お金はたくさんつかえたほうがいい。人がたくさんいたほうがいい。かける時間は長いほうがいいものができる。そんなことはわかりきってますけど、そのわかりきったことをしているうちは、ほかの人と同じ方法で進んでいくだけですから、競争力がないんですよ。

でも、これとこれを組み合わせるとこういうことが起こるぞ、っていうのを見つけたときは、それがふつうの人が気づいてない切り口であればあるほど、価値が出てくる。問題となっている事象の根源をたどっていくと、いくつもの別の症状に見える問題がじつは根っこでつながってることがあったり、ひとつを変えると、一見つながりが見えなかった別のところにも影響があって、いろんな問題が同時に解消したりする。

そういうふうに、ひとつのアイディアがいろんな問題をいっぺんに解決して、全体を一気に見渡せたそのときに、宮本さんは「わかったよ」って、電話をかけたくなるんでしょうね。

宮本さんの肩越しの視線。

ゲーム開発者として駆け出しだったころに、自分のつくった作品が売れないと、「なぜ売れないんだろう?」と考えるわけです。

自分で言うのも変ですが、技術的には劣ってるとは思えない。でも、たいして売れない。ところが、宮本茂さんがつくると、自分が携わったソフトの何倍も、場合によっては、何十倍も売れるわけですよ。ことプログラムの品質だけを見ると、おそらく、負けてないのに。

わたしはお客さんにウケたかったんですよ。宮本さんのように。

宮本さんって、「こうやったら、こうなるはずや」っていうふうにつくって、もちろんその時点で、ほかの人よりははるかに打率が高いんですけど、神様じゃないので、それなりに間違うこともあるんです。

それをどうやって補正してるかというと、社内から、そのゲームに触ったことのない人をひとり、さらってくるんですよ。さらってきて、なにも説明せずに、いきなりポンとコントローラーを握らせて「さあ、やれ」って言うんですよ。

それはまだ、宮本さんがいまみたいに世界的なゲームデザイナーとして評価される前、係長とか課長だったころから。

その時代から、宮本さんはなんにも知らない人をつかまえてきて、ポンとコントローラー渡すんですよ。で、「さあ、やってみ」って言ってね、なんにも言わないで後ろから見てるんですよ。わたしは、それを「宮本さんの肩越しの視線」と呼んでたんですけど。

その重要性というのは、一緒に仕事するまでわからなかったんです。一緒に仕事してはじめて、「あ、これだ」って思うんです。

つまり、ゲームをつくった人は、ゲームを買ってくれるひとりひとりのお客さんに対して、「このようにしてつくりました。こうたのしんでください」とは、説明に行けないんですね。

当然ですけど。だから、しかたないので、すべてを、ものに託すわけです。

ところが、ものというのは、そういうことを伝えるうえでは、きわめて不完全にできている。だから、伝わらないんですね。制作者が、想像もしないところで、予想外の戸惑いを感じたりする。

宮本さんは「肩越しの視線」でそれを探しているわけですね。

なにも知らない人がそれを遊ぶのを見て、「あ、ここわからないのか」とか、「あそこに仕込んだ仕掛けには、とうとう気づかずに先に行ってしまった」とか、「先に、これやってくれないと、あとで困るのに」というようなことが、後ろから見ていると、山ほどあることがわかるんです。お客さんが、前提知識がない状態で、どんな反応をするかがわかるんですね。だから、宮本さんは、自分がどんなに実績のあるゲームデザイナーであろうと、「お客さんがわからなかったものは自分が間違ってる」というところから入るんですよ。

簡単にいえば、お客さん目線なんですけど、それをどうやって見つけるかという方法を宮本さんはすごく早くから確立していて、一方、わたしは、自分のプログラムがイケてるかどうかには興味はあっても、お客さんがどう感じるかみたいなところは考えが及んでいなかったんです。

むかしのわたしのように、「オレは、これをいいと思う」って、すべてのお客さんを代表するかのように、思い込みで語るつくり手は多いんですよ。ほんとうは「お客さんがこう反応する」っていう事実があって、「それはなぜだろう？」という問いかけがあって、そこではじめて「じゃあ、どうすれば、根っこの問題が解決できるだろう？」って考えなきゃいけないのに、「オレはこう思う！」という、事実と仮説をぐちゃぐちゃに混ぜた意見を押し通してしまうことが多いんですね。

宮本さんの特殊なところは、自分のこだわるところでは、めちゃめちゃわがままである一方、はじめてそれを触る人がどう感じるか、ということをものすごく冷静に見ていて、「お客さんに伝わっていない」とわかったら、さっと引いて別の考えをめぐらせるんです。

いままで近くで見てたのを、突然ものすごく遠くから見てやり直すというか。虫メガネで見ていたかと思うと地上1万メートルからもう一回見直してみたり、そういうことを、ものすごく速くできる。

通常は、ひとつのものの見方をすると、どんどん、そこからにじり寄るように近づいてしまって、ものを見る角度が動かなくなる人のほうが多いんです。

たぶん、宮本さんの言う「一個のことで複数の問題を解決するアイディア」というものは、近くから見れば見るほどわからなくなってしまうんです。視点を動かさなければ気づかないようなポイントだからこそ、ふつうの人には思いつけない。

宮本さんは軽々と視点を動かせるから、誰かが倒れそうなときにほかの誰かが身代わりになる、みたいな単純な解決策ではないことを導き出せるんでしょうね。

おそらく、世の中のほとんどの人は、宮本さんのことを、アートの人だと思ってるんですよ。ひらめきを重視する、右脳型の天才肌で、人が考えつかないようなことを、神の啓示を受けるかのようにつぎつぎと思いつく人だと思ってる。

でも、違うんです。

宮本さんって、めちゃめちゃロジカルなんですよ。かといってそれだけではない。ものすごく左脳的な理詰めの思考と、美術系の道を目指した人ならではの、ぶっ飛んだ飛躍的な思想とが、両方、頭のなかにあるんですよ。あれは、悔しいけど、うらやましいですね。

自分に、右脳型のひらめきや才能がぜんぜんないとは言いませんけど。でも、やっぱり宮本さんと仕事をしたり、糸井さんにお会いしたりしていると、右脳の働きの部分では競争したくないなって思いますよ。そこは分が悪いです（笑）。

苦手なことよりも、自分の得意なことで勝負していこうっていうのがわたしの基本的な考えですから。

コンピュータを的確に理解する宮本さん。

宮本茂さんは、コンピュータやプログラムについて、これまで体系的には学んでいないはずなんですけど、コンピュータが非常にシンプルだった時代からゲームづくりを通していろんなことを経験してきているので、自分のやりたいことを実現させるための道具であるコンピュータのことは、ちゃんと理解されているんですよ。

もちろん、コンピュータでどういうふうにプログラムを書くかといった専門的なことはご存知ないと思うんですけど、コンピュータというものは、どういうことが得意で、どういうことは苦手だという理解は非常に的確なんです。

だから、たとえば、「できません」って言うプログラマーがいたときに、「なんとかしてください」って言うんじゃなく、「どういう仕組みになってるの？」って訊くんですね。すると、プログラマーから仕組みを説明されるので、「じゃあその仕組みをこう利用したら、こういうことはできないの？」って提案すると、「それならできます」っていうふうになるんです。

たとえば『ピクミン』というゲームをつくっていたときがまさにそうだったんですけど、あのゲームは一個一個の動きや仕組みはシンプルなんです。ところが、それら全体が破綻なく動く、となるとすごく難しくなる。コンピュータって、一度のアクションでは単純なことしかできないんですが、その単純なことを組み合わせて複雑な処理をするように仕上げることができる。それがプログラムのおもしろさであり、難しさなんです。

宮本さんは、ゲーム全体を動かすためのプログラムの設計をしているわけではないんですけど、一個一個のシンプルな仕組みについては、だいたいどういうことなのか、そうとう正確にわかっていると思います。

というのも、やっぱり、原理と機能をわかってしゃべってる人なんですね、宮本さんは。だから、専門の知識がなくても、プログラマーとやり取りできるんですよ。自分がやりたいことを実現するために、「できない」と思い込んでいるプログラマーのかわりに、どうすればできるかを提案できるんです。

そういうゲームデザイナーって、それほど多くはないんじゃないでしょうかね。

いろんなところにいろんなものをどんどん足せる人っていうのは、いま、すごくたくさんいるんですよ。そういう方向性のものは、宮本さんの助けを借りなくても、非常に高いレベルでできあがっていきますし、実際にできあがったものの一ヵ所一ヵ所をじっくり見たら、もう、あきれるほどよくできてます。

だけど、ゲームの印象を決定づけるのは、やっぱりそういうところじゃないんですよね。

『MOTHER2』を立て直すふたつの方法。

『MOTHER2』というゲームの開発が破綻しかかっていたときに、わたしは助っ人として開発現場に呼ばれました。立場としては、HAL研究所の社長兼プログラマーだったころです。たしかに、その時点ではゲームが完成する流れになっていませんでした。それで、まず「このままではできないと思います」って、糸井重里さんに断言しました。

そしてこう言いました。

「よければお手伝いしますが、つきましてはふたつ方法があります」と。

で、後にゲームファンによく知られることになる、このことばになるんですね。

「いまあるものを活かしながら手直ししていく方法だと2年かかります。いちからつくり直していいのであれば、半年でやります」

結果的には、いちからつくり直すほうが選ばれたわけですけど、わたしはどちらの選択肢でもやるつもりでいましたし、実際、どちらの方法でも仕上げられたと思います。

「最善の方法をあなたが選んでください」と言われたなら、おそらくいちからつくるほうを選んだと思います。でも、あのときは、プロジェクトを建て直す役として、わたしはあとから加わったわけですから、どちらの選択肢でもやるつもりでいました。

だって、いままでつくってきた人たちがそこにいるわけですからね。いきなり現れた人間が「いちからつくり直します!」って宣言しても、納得がいかない人が出てきます。現場の雰囲気が壊れてしまったら、うまくいくものもダメになってしまう。ですから、可能性のある選択肢を提示して、選んでもらうほうがただしいとわたしは思ったんです。

『MOTHER2』の開発期間って、開発をはじめてから最終的に完成するまで全部で5年間くらいなんですね。わたしがいない4年間があって、最後の1年だけ、わたしがお手伝いしたんです。

わたしはゲームをいちから組み直しはしましたが、個々の要素は、わたしのいない4年のあいだにできていました。グラフィックもできてたし、シナリオもサウンドもある程度、完成していた。つまり、材料はだいたいそろっていたわけです。

わたしがはじめて開発現場に行ったときも、個々のデータはだいたいそろっていることがわかった。そこで、わたしは、「とりあえずちょっと動かしてみます」ということで、そのときにできていたデータをいったん持ち帰るんですね。それで、たしか1ヵ月後ぐらいに、マップがスクロールして動くようなところまで組んで、それを糸井さんたちに見せたんです。

そしたら、みんな、ものすごく驚いてくれた(笑)。みなさんが異常なテンションで驚かれるもんですから、わたしは逆にものすごく不思議なわけです。いや、ふつうのことしたただけなんだけどな、って。それほど、開発が行き詰まっていたんですね。

けっきょく、『MOTHER2』は半年ぐらいでとりあえず全体がつながって、通しで遊べるようになりました。その後、やっぱりもうひと磨きして出しましょうということで、あと半年かけて細かいところを調整して、発売することができました。

結果だけ見ると、わたしが入ってから1年でゲームが完成したわけですが、その1年ででてきたわけではなく、それまでの4年間があったからこそ、『MOTHER2』というゲームはできたんです。あのなかに詰まっているさまざまなおもしろさや味わいというのは、1年の即席でつくったら絶対に出ません。ゲームが頓挫するまでの4年間が無駄だったわけではまったくなくて、悩んだ人たちの試行錯誤は全部ゲームのなかに活きていると思います。

『MOTHER2』とゲーム人口の拡大。

『MOTHER』というゲームは、むかしからすごくファンに愛されていて、「自分はここが好きだ」って語られることの多いソフトなんですね。しかも、人によって語る思い出のポイントがすごく違ってたりする。

音楽が好きだっていう人もいるし、やっぱりことばだっていう人もいるし、好きな場面もみんな違う。あのひと言が泣けたっていう人もいるし、ゲップーの音が嫌だったっていう人もいる。もう、いろんなところにそれぞれの思い出があるんですよね。感動して涙が出るみたいなことから、「くだらない！」って笑ったりすることまで、自分のなかにしっかりと刺さり続けている。

で、ほかの人が語るのを聞くと、自分のポイントとは違うところなのに、「そうそうそう！」って思えるんですよ。そして自分が思い出を語ると、あちこちから「そうそうそう」っていう声が聞こえてきたり。もう、いろんな人が、いろんな場面を憶えてる。

どうして『MOTHER』というゲームが特別なのかということを考えると、やっぱり、糸井さんの存在だと思うんですよね。いまゲームをつくっている人のなかに糸井さんのような人がいないから、『MOTHER』のようなゲームがないんですよ。

糸井さんは、一時期、ご自身がテレビゲームを夢中になって遊んだ経験がしっかりあるから、そういう意味での遊び手本位の部分がしっかりある。と同時に、ふつうのゲームをつくる人たちがまったく経験していないさまざまなことを経験してきているので、そのふたつがセットになって、独自の個性につながってるんじゃないでしょうか。

『MOTHER』って、大きなフォーマットのうえでは日本的なRPGの作法に沿ったもので、そこはむしろ、特別なものではないと思うんです。なのに、総合的には、比べるものがないくらい個性的なゲームになってますよね。それは、あのゲームのなかに糸井さんが詰め込んだ、おもしろいこととか、切ないこととか、常識外れなこととか、くだらないこととか、全部の遊びが影響しているからだと思うんです。やっぱりね、ないんですよ、あんなものは、ほかに。

「大人も子供も、おねーさんも。」

これは、糸井重里さんが書いた『MOTHER』のコピーです。わたしが完成に関わり、糸井さんと出会うきっかけになった『MOTHER2』のこのコピーは、わたしが任天堂の社長になってから掲げた「ゲーム人口の拡大」というコンセプトにつながっていくことになります。というか、「ゲーム人口の拡大」って、ようするに、「大人も子供も、おねーさんも。」なんですよね（笑）。

また、『MOTHER2』では、ゲームを長時間遊んでいるとゲームのなかのパパから「すこし休憩したらどうかね?」って電話がかかってくるというシステムがあって、これはWiiの開発コンセプトのなかに活きています。あの「2時間パパ」のシステムがなかったら、ゲームの総合的なプレイ時間を記録するというWiiの仕様はなかったんじゃないかなと思います。

ですから、『MOTHER2』というのは、自分が開発に携わった作品という以上に、たくさんのインスピレーションを作品からいただいた、すごく特別な1本なんです。

糸井さんに語った仕事観。

非常に鮮烈に憶えてることがあるんです。あれは『MOTHER2』の開発が終わった直後のことですけど、わたしは、糸井重里さんに、当時、わたしが勤めていたHAL研究所の顧問になっていただきたくて、そのお願いをしに、糸井さんの事務所を訪ねたんです。

そのときにわたしは、どういうわけか、自分の仕事観を糸井さんに語ったんですよ。で、そのときに語ったことって、やっぱりいまも変わってないんです。

「自分は、ほかの人がよろこんでくれるのがうれしくて仕事をしている。それはお客さんかもしれないし、仲間かもしれないし、仕事の発注者かもしれないけど、とにかくわたしはまわりの人がよろこんでくれるのが好きなんです。まわりの人がしあわせそうになるのが自分のエネルギーなんです」みたいなことをお話ししたんです。

なんであんな話を、当時、知り合って1年ちょっとぐらいの、まだそれほど距離が近いとはいえなかった人に、どうしてあんなに素直に語れたのか、いまだに謎なんですが(笑)。

いや、たとえば20年来の親友であれば、あれを語ることができても不思議ではないんですが……。でも、まるで20年来のつき合いの先輩に話すように、話したんですよ。……話せたんです。

それで、いちばん忘れられないことは、わたしが話し終えたあとで、糸井さんは「オレもそうだ」っておっしゃったんですよ。で、わたしは思ったんです。

「ああ、だから、大丈夫だったんだ。いろんなことでまったく違うやり方をするし、個性もぜんぜん違うし、歩んできた道も違うのに、わたしと糸井さんが妙なシンクロをするのは、同じ仕事観があったからなんだ」って。

それから、わたしは糸井さんとの距離がすごく近づいたような気が、勝手にしてました。わたしと糸井さんのおつき合いが続いてる理由も、そういう「大切にしているもの」が非常に近いからなんだと思うんです。わたしが自分の仕事観をはじめて表現したときに、糸井さんがこころから「オレもそうだ」って答えてくださったから、関係が続いてるんですよね。

わたしはいまも、「人の役に立った」とか、「誰かがよろこんでくれた」っていうようなことが、つねに自分のエネルギーになってる感じがします。お客さまからのアンケート結果を見るのはたのしみですし、商品をほめていただいたり、よろこんでいただいたのがわかると、いまもすごくうれしいです。

おそらくそれは、自分が働く理由や、もっというと自分が存在する理由の確認につながっているとと思うんです。そういったものがなければ、エネルギーって、どんなに強くても次第に放電してなくなってしまう。

でも、お客さんの笑顔とか、仲間からの「ありがとう」をもらうことで、エネルギーってまたたまっていくんです。だから、任天堂の仕事でいうと、「お客さんがニコニコしてくれる」ということで、わたしたちは元気をもらえるわけなんです。

山内溥さんがおっしゃったこと。

わたしがＨＡＬ研究所の再建をはじめたころから5年間くらい、つまり任天堂に入る前ですが、年に2回か3回、当時任天堂の社長だった山内（溥）さんのお話を定期的にうかがう機会がありました。わたしと糸井重里さんと、ときどきそこに宮本茂さんも加わって。

山内さんがどういう意図であの時間を設けていたのか、いまとなってはわかりませんが、わたしの教育になったことはたしかです。たぶん、なにか話したら、わたしたちが受けとりそうに思えたんじゃないかと思います。お忙しいに決まっているのに、時間を取って、熱心に話してくださいました。あまり笑わないことで知られている山内社長が、我々に語るときはいつもニコニコしてました。

いま思うと、あれは学校のようでした。経営の学校。娯楽とはなにか。ソフトとはなにか。任天堂はなにを大事にする会社なのか。任天堂はなにをすべきで、なにをしてはいけないのか。たとえば山内さんは、「任天堂はケンカしたら負ける。よそとケンカしたらあかんのや」なんておっしゃってましたが、それって、いまのビジネスのことばで言い換えると「ブルーオーシャン戦略」なんですよね。

ですから、たとえば新しいハードをつくるときも、いままでと同じようなことをくり返すように新しいハードを出しても、新しさは感じられないだろうし、ゲームをやる人は増えないだろうと、かなり早い時期から山内さんはおっしゃってました。携帯機、据置型ゲーム機も含めて、同じようなものをつくってても、個性はない。個性がないところには価格競争が起こるだけだと。

また、山内さんはよく「向き不向き」でものを語りました。それは、わたしが会社を経営するにあたっての軸になっている「得意なことを伸ばす」という才能論と根っこは同じなんですよ。当時のわたしは若かったですから、「こんなに人を向き不向きで判断したら努力のし甲斐がないじゃないか」というふうにさえ感じたものでしたが、いまにしてみると、やっぱり本質を言い当ててらっしゃったなって思えます。

その後も、山内さんからはいろんなお話をうかがいました。くり返しおっしゃっていたのは、「いままでと同じことをするな」ということでした。その象徴的なエピソードが、後のニンテンドーDSにつながる「ゲーム機は2画面にするべきや」という提言です。結果的にそれはそのまま実現することになったんですが、わたしはほんとうの意味としては、「2画面にするくらい、いままでと違って見えるようなものをつくれ」ということだと思っていました。やはり、「いままでと同じことをするな」ということがポイントなんだろうと思ってたんです。

ですから、山内さんの「2画面」は、ニンテンドーDSができるずっと前から、わたしと宮本さんのなかでテーマとしてあったんです。それが、ある日、タッチスクリーンの技術と2画面を携帯機に組み合わせるとおもしろいことができると気づいたので、具体的なアイディアとして「解けた！」ということになったんですけど。

そのときのことは、よく憶えてますよ。会社のそばの、宮本さんとよくランチを食べに行くイタリア料理店の駐車場で、宮本さんと話をしているときに気づいたんです。「あ、それだ！」って（笑）。

そんなふうに、山内さんの言うことは、わたしのなかに残っています。「いままでと同じことしてたらあかん」というお話は、もう、ほんとうに何度も何度も聞きました。ただ、だからといって、すぐに答えがポンと出るわけじゃないですから、「ちょっと待ってください」って言いながら、テーマとして抱えることになる。その後も山内さんは、信念がずっと変わらないですから、一貫して同じことをいつもおっしゃる。そうすると、それはどこかで、我々に乗り移っていくんですよね。だから、いまはもう、ほんとうに乗り移っていて、わたしが同じことを言うようになっています。まぁ、語り口は多少ソフトになってるとは思うんですけど（笑）。

とにかく、山内さんの言うことは、わたしは忘れないです。だって、任天堂という会社を奇跡のように成長させた人ですからね。その人の言うことは、尊重しなきゃ。もしも、山内さんの言うことを「いまさら、そんな……」って言う人がいたら、わたしは言いますよ。「だけど、いまの任天堂があるのって奇跡みたいなことなんだぜ」って。

◆岩田さんのことばのかけら。その4

糸井さんがしゃべってくださるのは、
自分が絶対しない発想や、
自分が絶対につかわない視点なんです。
だから自分が予想もしないような球が
いつも来るんだけど……。
でも、ちゃんと、こちらが
受けとめられる球を投げてくれるんですよ。
捕れないことは一度もないんです。
だけど受けとったことのない球が来るので、
それがおもしろくてしょうがないんです。

山内さんが任天堂に果たした役割はとても大きいです。
たぶん、山内さんがいなければ
任天堂という会社はこうなってないです。
たとえばニンテンドーDSがなぜ2画面になったかというと、
山内さんが2画面にものすごく
こだわってらっしゃったからですよ。
とにかく「2画面にしてくれ」という要望があって、
その強いリクエストがあったおかげで、
わたしと宮本さんは、ある意味、逆算するようなかたちで、
「2画面が活きるネタはなんだろう?」って
考え続けるようになるわけですよ。
それが、結果的に、片方の画面を
タッチスクリーンにつかうっていうアイディアにつながる。
だから、山内さんの情熱がなければ、
ニンテンドーDSはあのかたちをしていないんですよ。

くり返しおもしろがれる構造をつくるっていうのが、
宮本さんのやってきた
すごいことのひとつだと思うんです。

宮本さんは、試作中のソフトをさっと触っただけなのに、
自分たちが気がつかなかったことをスパンと見抜く。
そういうことが何度もあるんです。
本人は無意識なんでしょうけど、
あれ、言われると、悔しいんですよね（笑）。

よく「船が出るぞ状態」のときに、
宮本さんのせいで金型を直すはめになるんですよね（笑）。
それで、ハードがちょっとよくなる、
というのが毎回起こってますね。

やっぱりわたしは、ゲームづくりに関しては、
宮本さんから教わったことがものすごく多いですから。
教わったというよりも、盗んだといったほうがいいかもしれない。
それはもう、ＨＡＬ研時代から、見よう見まねで。
言ってしまえば、わたしは任天堂の外側から、
「どうして宮本さんはいつも成功するんだろう」と
目を皿のようにして観察してきたわけです。
いまはなぜか不思議なめぐり合わせで、
同じ会社でものをつくるようになっていて、
それはそれで、とってもおもしろいんですが（笑）。

宮本さんの発想のしかたとして
すごくおもしろいことのひとつは、
「機能からはじまっている」ということですね。
たとえば、物語的にこういう人を
登場させたいということではなく、
ここに誰かがいないとつまらない、という
機能としての理由から発想がスタートしている。
そのあたりは、インダストリアルデザインを
やっていた人の発想だなと感じますね。
たとえば、むかし、宮本さんが
『スーパーマリオワールド』で
マリオをヨッシーの上に乗せたときも、
発想のはじまりは「機能」だったんです。

どういうことかというと

スーパーファミコンという機種は、スプライト

（※画面に絵を表示するための技術的な仕組み）を

横にすごくたくさん並べることができなかったんですね。

ヨッシーがどうしてああいうかたちになっているかというと、

あれは、マリオと一緒に重ねたときに、

横に並ぶスプライトの数を制限できるかたちなんです。

ヨッシーの設計図を見るとわかるんですが、

もう、純粋に機能からデザインしているんですよね。

だから、ヨッシーを恐竜のようなかたちにしたのは、

マリオを恐竜に乗せたかったからじゃなくて、

機能として許されるかたちが恐竜に似ていたからなんです。

宮本さんはゲームの最初の部分というのを
機能としてものすごく大事にされるんですよね。
ですから、そこでプレイヤーに伝えるべきことが
なんなのかということがものすごく明確で、
だからこそ「これが足りない」とか
「こういう順序で見せないといけない」とかいう
指示をはっきりと出せるんでしょう。
現場でずっとつくっている開発者は
はじめての人がどこで戸惑うかということに対して
どんどん感度が鈍くなっていくので、
開発の終盤になればなるほど、そこがわからなくなる。
ですから、宮本さんがあとから入ってきて
いわゆる「ちゃぶ台返し」的なことをやるというのは、
じつは必然的なことでもあるわけですよね。

宮本さんって、ダメ出しをしながらも、
素材を無駄にしない工夫というのはすごいですよね。
わたしはいつもそれに感心するんですけど。
ちゃぶ台を返すようなタイプの人って、
素材をバンバン捨てていくことが多いんですけど、
宮本さんは「素材を捨てたらもったいない」
というところが徹底してるんですよね。
そこでつかえなくなった素材があっても
ちゃんと憶えていて、
別のところでつかうことを
提案してきてくれたりしますよね。
そういうところも、
「ちゃぶ台返し」ということばのイメージとは
ちょっと違うところですね。

宮本さんって、
相手から「できない理由」が挙がってきたら、
逆にどうしたらできるかを
相手を逆さにして吐き出させたうえで、
それができる条件を整えていきますからね（笑）。
「相手を動けないようにしてから
避けようのない急所を突く」と言われてます。

世の中の人って、宮本さんのことを、
たくさんの有名なキャラクターに囲まれて
それを自由につかっている人だと
思われている気がするんですよ。
だから、なにかゲームをつくって、

そこに有名なキャラクターをぽいっと貼りつけたら、
たちどころにみんなのアテンションが集まる、という。
わたしみたいに古くから宮本さんを知っている人は、
ほんとはそうじゃないって知っているんですけどね。
マリオが最初はただのジャンプマンで
誰も「マリオ」っていう名前を知らないときから
宮本さんはマリオを育ててきたわけだし、
ドンキーコングにしても、
『ゼルダ』のリンクにしても、
ピクミンにしても、同じように育ってきたものだし。
つまり、最初からキャラクターがいて、
自動的に注目が集まってっていうことではなくて、
おもしろいものを突き詰めていって、
それが最終的に、すごく派手になったり、
そのままの地味さで出ていったりするんですね。

けっきょく「宮本マジック」というけど、
宮本さんとしては、当たり前の工程を
丁寧にたどっているということなんです。

わたしが見つけた「天才の定義」があります。
「人が嫌がるかもしれないことや、
人が疲れて続けられないようなことを、延々と続けられる人」、
それが「天才」だとわたしは思うんです。
考えるのをやめないこととか、
とにかく延々と突き詰めていくこと。
それは、疲れるし、見返りがあるかもわからないし、

たいへんなことだと思うんです。
でも、それは、それができる人にとっては苦行じゃないんですよ。
それを苦行だと思う人は、苦行じゃない人には絶対勝てない。
だから、それが才能なんだと。
自分が苦労だと思わずに続けられることで、
価値があることを見つけることができた人は、
それだけでとてもしあわせだと思います。

わたしは世界一の
「宮本茂ウォッチャー」ですから（笑）。

第五章

岩田さん

の目指すゲーム。

わたしたちが目指すゲーム機。

過去のテレビゲーム機って、普及すればするほど、家にある「自分専用のテレビ」につながれていったんですね。その背景には、ゲーム機の普及と、家庭に置かれるテレビが増えることがシンクロしていたことがあります。実際、家庭内のテレビの台数が増える時期と、かつてファミコン、スーパーファミコンが浸透していった時期は完全に符合しているんです。

ところが、デジタル放送の開始を契機に大画面のフラットなテレビが登場したことで、もう一度、「大きなテレビはリビングにひとつ」という時代へ戻っていくわけです。

そのときにWiiはその大きなテレビにつながることを目的に設計されました。大画面テレビの前にはちょっとしたスペースもありますから、みんなで身体を動かしたりして、わいわい遊ぶことができました。それは、自分たちで言うのもなんですが、すばらしいことだったと思います。

ゲーム機は、それ単体の性能よりも、どういう環境でそれが遊ばれるのかということを、とことん考える必要があります。

当たり前ですけど、お客さんには、いろんなタイプの方がいらっしゃいます。いろんなお客さんのいろんな視点から商品を見ると、同じ狙いでつくってるはずの商品が、この人からはこう見えるけど、あの人からはこう見えるっていうふうに姿が変わってしまうわけです。

これが、たとえば自動車だったなら、こういう人にはこういう車、こういう人にはこんな車、というように幅広いラインナップで展開していくことができるんですけど、任天堂が出すゲーム機はそういうものではありません。

だとすると、究極的には、「どの角度から見ても魅力的」っていうものを目指すしかないんですけど、そうやって全部の角度にOKを出そうとすると、「そもそもインターネットにつながってない人はどうするんですか？」みたいな議論がはじまって、延々と自己つっこみをくり返す、みたいな状態になるんです。ですから、可能な限りいろんな角度から検討して、穴を埋めていくことになる。

そういう時代に、わたしたちが目指すものは、もっと日常的に触れてもらえるテレビゲーム機です。ゲームで毎日遊ぶ、というよりも、日常にゲーム機が溶け込んでいるような姿が理想です。

むかし、ゲームがとても勢いがあったといわれてたころでも、自分はゲームと関係ないと感じて、ゲーム機にまったく触らない人たちがたくさんいました。そういう人にさえ、なんかこの機械は邪魔じゃない、むしろ、自分にとって有益なものだと思ってもらいたい。で、その結果、日常的に触ってたら、いつの間にか、テレビゲームのおもしろさを理解することになった、という人が増えたらすばらしいなっていうふうに真剣に思っています。

もともとテレビゲーム機って、「テレビを遊び道具にするもの」なんですけど、その、遊び道具の定義が、今後、もっともっと広くなっていくんだと思うんですよ。

家に帰ると、無意識にテレビをつけるという人は多いですよね。見たい番組がとくになくてもみんながテレビの電源を入れるのはなぜかというと、家に帰ったときに、とりあえず手元にあるリモコンでスイッチ入れたら、なにかがいつも起こっていて、なにもしないよりはちょっとしあわせになれるから。そういったことがベースにあって、テレビがこんなに世の中で普及していると思うんです。

そういうふうに、ゲーム機が日常的に電源を入れられる存在になることが、いちばんたのしみなことです。変な言い方になりますが、ゲーム機に電源さえ入ったら、あとはぼくらの本領発揮なんですよ。いや、でもね、そんなに簡単なことではないんですよ、テレビゲーム機に電源を入れてもらうことって。

お店に来る人がいなければ、どんなにすばらしい商品も売れないように、電源を入れてもらわないと、どんなすばらしいゲームだって遊んでもらえないんですよ。また、世の中には、遊んだらおもしろいけど、それがあることを知らないので遊ばなかった、っていうゲームが山ほどあります。お客さんの行動って、基本的には、多くの方が受動的で、ゲームのことを自分から能動的に調べてくださったりはしない。そういう方にもおもしろさが伝わっていくようにしないといけないわけですよね。

テレビゲームの歴史って、こう言うと身も蓋もないですけど、かつては『ドラクエ』と新しい『マリオ』が出たときだけ押入れから出てきて、ふだんはテレビにつながれもせずに仕舞われてる、っていう遊ばれ方をしてた時期もあるんです。ですから、それを、まずはつないでおいてもらうようにした。そのつぎのステップとして、ようやく毎日電源を入れてもらう機械になりつつある。そんなふうに思っています。

まず構造としての遊びをつくる。

わたしは思うんですけど、テレビゲームに代表されるインタラクティブな娯楽の強さって、遊んでから、10年とか15年経って思い出すことだと思うんですよ。小説とか映画も、たしかに感動するんですけど、感動したということは憶えていても、あらすじさえ言えなかったりしますよね。ところが、ゲームって、自分で操作して、インタラクティブに関わる娯楽なので、自分への刺さり方が独特で、ものすごく強いんですね。

その意味でいえば、自分がインタラクティブに関わっていく遊びであれば、従来のテレビゲームのようなものでなくてもかまわないと思っています。扱うジャンルやテーマにしても、やっぱり、これまでと違う切り口のものがないと、興味を持つ人の絶対数って増えないと思うんですよ。だから、ニンテンドーDSのときは「ゲーム人口の拡大」を目指して、過去にゲームが扱ってこなかったテーマを積極的に取りあげていきました。

わたしは、自分たちがつくったものを、世界中の人たちがそれ単体で遊んで、それだけで満足してもらうには、お客さんがあまりにもいろんなものを経験し過ぎていると思うんです。多くのものを経験すればするほど、こういうものも遊べるようにしたい、という欲望はどんどんふくらんでいきます。そしてそれを全部自分たちで追いかけていたら、いつまで経ってもゲーム機は完成しないんですよ。

だからこそ、わたしたちがつくるハードでは、まず構造としての遊びをつくって、いろんな人がそこに自分の遊びを足したりシェアしたりできるようにしました。さまざまな遊びを発想させる、「仕組みとして筋（すじ）のいいもの」がハードにあらかじめ組み込まれていると、あとから発展する力が大きく変わってくるんです。そういう意味では、「こういう土台があったら、あとあとよさそうだ」ということを先にしっかりと判断しておくのがプラットフォームを設計するうえでとても重要なポイントになってくると思っています。

ですから、わたしたちがつくるゲーム機は、単に高性能にするだけではなく、さまざまな遊びが広がるものになっていますし、その必然性には自信を持ってます。ただ、その一方で、自分たちがつくったものに対して、大きなコンセプトだけではなく、「今度出る○○っていうゲームはすごいよ!」みたいなことをわくわくしながら言いたいし、そういうものをつくるつもりで、いまもやっています。

暴論からはじめる議論は無駄じゃない。

わたしはWiiを開発するにあたって、「家庭内でゲームが敵視されないようにするためにはどうしたらいいか」ということを延々と考えてきたんです。そこで思いついた仮説、というか暴論に近いんですが、親がゲームを「1日1時間」と決めたら、ゲームをはじめて1時間後に、ほんとうに電源が切れてしまうという仕様はどうだろうかと思ったんです。

まあ、ゲーム会社の社長にあるまじき考えですね（笑）。

もちろん、データは完全にセーブされたうえでのことです。それにしたって乱暴な仕様なんですが、なにしろわたしは……本気でしたので（笑）。いや、ひどい話だとわかってはいたんです。でも、それぐらい考えを極端に振り切って議論をしないと新しいことはできないと思ったんです。少なくとも、そういう意識を持って話し合うことは価値がある、と。

そうするとやはり、議論は白熱しました。

やっぱりそれは許せないという意見であるとか、それくらい極端にしないとお母さんの敵視はなくならないとか。技術的に可能なのかということも議論して、1時間経つと全データがセーブされる仕様は可能なのか、つぎの日にスタートするときはどうなるのか、というところをいちおう、きちんと追究していって。

まあ、最終的には、それがいかに難しいかということをこんこんと説明されましたし、その目的を果たすためには、強制的に電源を切るよりもっといい方法があるということで、その仕様はなくなったんですけど。

けっきょく、その議論から生まれてきたものがどのゲームをどれだけプレイしたかがみんなにわかるという「プレイ履歴」だったんです。「ゲームは1日1時間」という約束を守るために強制的に電源が切れてしまうよりも、「プレイ履歴」による親子のやり取りを通じて約束を守る流れができるほうがずっと魅力的だということになったんですね。

思えばわたしの暴論からはじまったことでしたが、そこから生まれた流れや議論は無駄じゃなかったと思ってます。まあ、迷惑をかけてしまった人はいますが。

電源が切れる仕様はなくなったんですが、実現したのは「夜のあいだはファンを回さない」ということ。Wiiが24時間通電する「眠らないマシン」を目指すときに、どうしてもそこは譲れなかったんです。だって、夜中にゲーム機のファンが回っていると、お母さんは「また、つけっぱなし！」と思って電源を引っこ抜いちゃうかもしれませんからね。

従来の延長上こそが恐怖だと思った。

ニンテンドーDSがここまで受け入れられて、こんな短期間に欧米を含めた社会現象になるなんていうことを楽観的に想像するほど、わたしはおめでたくはないですよ。それは、Wiiを出そうとしているいまも同じです。

これまでとまったく違うものの価値が世の中にどう受け止められるのかという不安はあります。でも、だからこそ逆に、これを伝わるようにしなきゃいけないっていう闘志も湧くんです。

自分たちがやろうとしていることが、これまでの延長上にないということは、成功が保証されていないことはもちろん、「最低こうだ」とか「悪くてもこうだ」という開き直りすら、できにくいことでもある。ひょっとしたら、大すべりするかもしれない。

開発の当初は、個々に不安があると思います。技術的なこと、目指すものが具体的に見えないこと、方針がうまく理解できないこともあると思います。やはり、人と違う道をとるというのは、本来恐怖ですから。「みんなで進めば怖くない」というのが、いまのふつうの社会での生き方なのに、人と違うことをしなければならない。「人と違うことをするとほめられる」というのが任天堂という会社のカルチャーではありますけど、違うことの種類も規模も大きく、人と真逆に行くようなときは、とくに恐怖が大きい。

しかし、わたし自身は、なによりも、従来の延長上こそが恐怖だと思ったんです。

いつ変わるべきなのかは、きっと誰にもわかりません。ぼくらが舵を切ったとき、この任天堂の新しい方向が、1年後に理解されるのか、2年後なのか、3年後なのか、あるいは5年後なのか、それはわかりません。

でも、従来の延長に未来はないわけです。

いまのまま進めば、どんどん力だけの戦いになっていって、ついていけるお客さんの数もどんどん少なくなっていく。だから、そっちじゃない道に舵を切るということだけは、もう、はっきりとしていたんです。

ただ、どのくらい舵を切れば、世の中の人がスッと理解してくれて、共感してもらえるようになるかは、わからない。だけど、真っ直ぐこの延長線上を行っても未来はないんですから。未来のない道を、ゆっくり終わりに向かって進んでいくというのは、自分たちが努力する方向として意味がないと思ったので、そこはもう、腹がくくれていました。

ゲームをやる人の数が増えてくれたら、かならず未来につながる。そこは、確信が持てていたんです。

もう一回時計を巻き戻しても同じものをつくる。

コントローラーというハードの試作と、それをつかったソフトの試作、このふたつの動きが速やかにリンクしているというのが、任天堂のコントローラーづくりの秘密だとわたしは思ってるんです。

つまり、ハード側からコントローラーの提案があると、すぐにソフト側が試作品をつくって、その手応えをハード側へフィードバックする。そのフィードバックの積み重ねのなかから商品が生まれるんですね。

Wiiの片手でつかえるコントローラーにしても、振り返るとこうなると決まってたように思うんですけど、「誰かひとりのグレートなアイディアでこうなった」というものではなく、たくさんの人のバラバラの思いが不思議に融合してこうなったという、想像の及ばない経緯があって、最終的にこのかたちになった感じがしますね。

Wiiを世の中に出すにあたっては、それこそ、いくつもの箱がいっぱいになるほど、モックアップや、試作品や、試作ソフトがあるんですけど、やっぱり全部無駄じゃなかったと思います。それらがものすごい速度で回っていって、ある運命的ないくつかの技術に出会ったとき一気にいろんな問題が解けた。

最初から出口が見えていたわけではないWiiという商品があり、現状の延長上に答えがないことだけがはっきりしていて、向かうべき方向だけは決まっていて。

そんななかで、時間はもちろん限られていて、これまでどおり商品を出すことも怠るわけにはいかなくて、新しいマシンの準備をしながら、新しい携帯ゲーム機を出して、というようなこれまでの流れを全部振り返ってみると、そのプロセスにおいて、ちいさな部分では「ああすればよかった」ということはいくらでも言えますけど、できあがったWiiそのものについて、「ああすればよかった」というのは不思議なほど、ないんですよ。

それは「もう一回時計を巻き戻しても同じものをつくるだろう」と胸を張って言えるほどなんです。

ふたりでつくった『スマッシュブラザーズ』。

『スマブラ』シリーズのはじまりは、1999年にニンテンドウ64用ソフトとして発売された『ニンテンドウオールスター！大乱闘スマッシュブラザーズ』なんですが、そのプロトタイプは、桜井（政博）くんとわたしがふたりでつくったんです。

まだ、任天堂のキャラクターが乗っていなかった段階のゲーム。企画と仕様、デザイン、モデリング、モーション、すべて桜井くんがやって、プログラムはわたしひとり、あと、サウンドにもうひとりという、ある意味、究極の手づくり作品で。

当時、わたしたちがいたＨＡＬ研究所は、いろんなソフトを手がける一方で、ほんとうに自分たちがつくりたいもの、アウトプットすべきものを模索している時期でした。そんなときに、桜井くんがなにかおもしろいものを考えているというので、「それはさっさとつくって動かしたほうがいい」ということで、「オレがプログラム書くから、企画、書きな」と桜井くんをうながして。

とはいえ、当時はふたりとも仕事を抱えているので、そう簡単に時間は取れなかったんですけど。わたしも平日は時間がないから、土日にプログラムしているような状態で。桜井くんから仕様とデータをもらって組んで、「こんなふうになったけど？」ってキャッチボールしながらかたちにしていった。あれは、おもしろい経験でした。

やっぱり、プログラムしていて、最初の段階からかなりの手応えがありましたからね。ただ、まさかここまでの規模のゲームになるとは当時は思いませんでしたけど。

『スマブラ』は、シリーズを重ねるごとにキャラクターも増え、モードも多彩になり、１本のソフトの内容としては異常なほどのボリュームになっています。基本的にわたしは、あらゆるゲームが量を増やす方向に進むのはよくないことだと思っているんですが、『スマブラ』に関しては、そうは思わないんですね。量を詰め込む甲斐があるというか、「なんでも入る容れ物」のようなところがあって、このゲームは量があってもOKだと思うんです。

『ワリオ』の合言葉は、任天堂ができないことをやる。

『メイド イン ワリオ』シリーズがこんなにもコンスタントにつくられるとは、企画された当初は想像されていなかったと思うんです。それは、とてもいい意味で予想外だったんですが、一方でわたしは、この『メイド イン ワリオ』シリーズが現在の任天堂の基本的な姿勢である「新しいお客さんにアプローチする」という路線のさきがけになったソフトだとも感じているんです。

つまり、『メイド イン ワリオ』が新しい道への扉を開けてくれたんじゃないかと。間口が広くて、遊び方が非常に自由で、短い時間集中して遊ぶこともできるし、長い時間、没頭することもできる。その遊びのダイナミックレンジの広さが、いまの任天堂の目指す方向とすごく近いんですよね。

『メイド イン ワリオ』をつくっていた当時、「任天堂ができないことをやろう」とよく言っていたことをわたしも憶えています。おもしろいことに、一作目の『ワリオ』をどう売り出せばいいのかということをすごく一生懸命考えていたのが宮本茂さんだったんですよね。「任天堂ができないことをやる」というのは、極端にいうと「宮本さんがつくりそうもないものを」という意味でもあるわけで、そういう考えから生まれた「亜流」を、誰よりも宮本さんが売ろうとしていたというのは非常におもしろいところですね。宮本さんが自分ではつくらないようなものを、ほかならぬ宮本さん自身が求めていたというか。

このゲームのことで、わたしは、いまでも忘れられないことがあって。『メイド イン ワリオ』の試作のなかに「レコードプレイヤー」というのがあったんです。それは、ようするに、回転するイスの上に、ゲームボーイアドバンスを乗せるんですよね。そして、そのイスをくるくる回す。すると、ゲームのなかのレコードプレイヤーが、その回転に合わせて回り出すという(笑)。また、イスを回す速度に応じて、音楽の速度も変わるんですよね(笑)。

……わたしは……あのとき……延々と、イスを回し続けていたんですよね(笑)。ときどき、「……くだらねぇ」と言いながら。「くだらねぇ」と言いながら、ものすごくよろこんでたんですよね。「くだらねぇ」は最高のほめことば(笑)。

ライトユーザーとコアユーザー。

Wiiのコントローラーの正式名称を「リモコン」にしようというのはわたしの強い要望でした。そこはわたし、妙に頑固でした。

だって、家ではテレビのリモコンというのは、たいてい手の届く位置にふつうに転がっていて、みんながふつうに手にとって操作するじゃないですか。それとゲームのコントローラーを同じように扱ってほしくて、しかも最終的に形状までそれに近くなったんですから、これは「リモコンと呼ばれるべきだ」って強く思ってたんですよね。

「なぜテレビのリモコンは家族みんなが触るのにゲーム機のコントローラーは触らないのか」というのは、Wiiを開発するうえでの大事なコンセプトでしたから。だから「絶対、これはリモコンです！」と言い張りました。

いま、十字ボタンとABボタンというインターフェイスに誰も疑問を持たないですよね。でも、20年以上前には、多くの人が「これでゲームするの？」って疑問に思ったんです。ですから、ぼくらがこれからやるべきことをしっかりやったら、いま、すごく変わったかたちに見えているものが、新しいスタンダードになっていくんじゃないかと思うんです。

いままでのゲームというのは、ゲームという決まった枠のなかでつくるのがほとんどで、でもその枠は、自分たちで決めていたようなものだったんです。「こうしないとゲームらしくないぞ」って。

だけど、そんな古い枠にとらわれずに、もっと広がってもいいんじゃないかと考えて、開発したのが「脳を鍛えるゲーム」だったり、「犬と暮らすゲーム」だったり、「英語の勉強をするゲーム」だったり、「料理をつくるゲーム」だったりするわけです。

それをゲームと呼ぶのかなと感じる人もいらっしゃるのかもしれませんけど、ご褒美がスコアやクリアーじゃなくて実生活に現れるというだけですから。

そんなふうに、任天堂は、ゲームをしない人にアプローチをしてはいますが、ゲームをする人のことを無視しているわけではなくて、ゲームをしない人がゲームを理解するようにならないと、ゲームというものの社会的な位置がよくならないだろうというふうに考えているんです。

ゲームばかりやっているとダメになるとか、脳が壊れるとかいういい加減な話まで含めて、ゲームに社会的な悪いイメージばかりが先行してしまう。そうすると、ゲームが好きな人でさえ、遊ぶことに妙な罪悪感を感じはじめてしまう。

それはゲームをやっていなかった人がゲームをやり、ゲームのおもしろさを理解することによって、ものすごく変わる可能性があるわけです。ゲームをやる人の社会での居心地がもっとよくなれば、ゲームらしいゲームだって、もっとつくりやすくなる。

実際、任天堂はゲームをやらない人に目を向けながらも、ゲームらしいゲームをつくるのをやめないどころか、何年もかけて凝りに凝った『ゼルダの伝説』をつくってるんです。そこに、情熱は、あるに決まってるんです。

ニンテンドーDSのヒットがもたらした、「時間や物量をかけなくてもいいものはできる」という考え方は価値のあるものだと思います。ただ、一方で、『ゼルダの伝説』のクオリティーと物量を目の当たりにした人が、「やっぱり、たくさんの優秀な人たちがたっぷり時間をかけてつくったものは、すごい！」というふうに感じてくれることも重要で。

その両方が同時にあることが、両方にとっていいことなんだと思うんです。そういう幅があるべきだとわたしは思うし、どっちかしかないのは不健全な気がするんですよ。

そもそも、ライトユーザーとかコアユーザーとかを、切り離して考えるべきではないとわたしは思うんです。だって、全員、最初はライトユーザーじゃないですか。

ライトユーザーからはじまって、そのなかから、それが好きでたまらない、というふうになる人もいる。それなのに、なにか、両者が生まれついての違うものであるように言われ過ぎているように思って。それは時間のことを無視して、いまという瞬間で切り取って語るからそうなってしまうんですよね。

でも、そうではなくて、すごくゲームが好きで、ものすごくゲームが上手だという人も、むかしはライトユーザーだったはずなんです。

それを考えると、やっぱり、新しい人が入り続けることはとても大事なんです。新しい人が入るようにしておかないと、いつかかならずお客さんはいなくなってしまう。

◆岩田さんのことばのかけら。その5

ゲームのなかに意味もなく置かれている石ころがある。
「どうしてこれを置いたの?」と訊くと、
「なんとなく」とか言うんですけど、
「なんとなく」はいちばんダメなんですよ。

ゲームをつくるとき、
やっぱり最初は、あれもこれもと欲張るんですよ。
でも、ただ欲張って、
多くの機能を入れることがいいわけじゃなくて、
「ほんとうに必要なものはなにか」
ということを突き詰めていくと、
それによって可能性が広がったりもするんです。
つまり、あれもこれもと欲張って入れるより、
「削ることがクリエイティブ」になる
みたいなところがある。

自分たちのプラットフォームにおいて
わたしたちがすごく意識しているのは、
「動作を保証できるハードとソフトの組み合わせ」があり、
「同じマナーで操作ができる」という点から、
「子どもさんからお年を召した方まで
説明書を読まなくても遊べる」ということです。

あるハードが出て、
徐々に値下げしながら、5年で需要が一巡する
というようなサイクルがつねに変わらないもので、
かならずその売り方をしなきゃいけないって
決める必要はないと思うんです。
これはわたしの個人的な感覚ですけれども、
時間が経つほど値段が下がるモデルというのは、
お客さんに「待ったほうが得ですよ」って
メーカーが教え続けているような気がして、
なんか間違ってるんじゃないかって
ずっと思ってきましたから。
もちろん、どんな局面になっても
値下げを否定するつもりはないんですが、
むしろ最初になるべくがんばって、
いちばん最初に応援してくれる人が、

「オレは先に応援して損をした」って
思わないようにしたいなあとずっと思ってきました。

仕様を決めるときに、ほんとうに大事なことは、

「なにを足すか」じゃなくて、

「なにを捨てるか」

「なにをやらないと決めるか」だというのを
すごく実感しました。

おもしろいなぁと思うのは、
なにかものをつくっているときって、
いろんな要素技術を取り入れるチャンスが
つぎつぎにめぐってくるんです。
でも、やっぱり、たいていの場合、
「いまは時じゃない」ということで見逃すことになります。
こういうたとえがいいか悪いかわかりませんが、
ハードをつくるときというのは、
回転寿司屋さんに座って、
いろんな要素技術が通り過ぎていくのを
じーっと眺めているような感じなんです。
見ていると、すーっと流れる要素を
「あっ、これ!」って取れるときがある。
それが、ハードづくりなのかなぁって思うんです。

エンターテインメントの世界では、
ほかとどう違うのかをひと言で説明できないだけで
人は興味を失ってしまいます。

「制約はクリエイティブの母」なんですよね。

百科事典みたいなゲームばっかりじゃなくて
アイディアと切り口さえよければ、
雑誌やコミックのようなゲームがあってもいい。

やっぱり、ゲームの仕組みって、
「あちらを立てればこちらが立たず」とか、
「これとこれがこういう関係になってるから
　駆け引きが生じておもしろい」、
みたいなことが根本にあるんですね。
しかも、いまのゲームって、
そういうおもしろさの軸が
1本じゃなくて複雑に絡み合ってるんですよ。
だから「すっきりしない」んです。
「足して、足して、足して……」
　っていう構造になってますから。

『ゼルダ』らしさというのは、
言語化されていないけれども、
なんとなく共有はされているという、
非常に不思議な価値観なわけです。
少なくともいえることは、
『ゼルダ』というのは、ひとりの頭のなかから
すべてが生み出されるようなものではなく、
いろんな人が悩みながらアイディアを出し合って、
それぞれの『ゼルダ』らしさをクリアーしたものが、

また新たな刺激となってアイディアを生んでいく。
そんなふうにして『ゼルダ』らしさが
つくっている人たちのなかに、
だんだんつくられていくのかなというふうに思いますね。
『ゼルダ』っぽさがなにかははっきりわかりませんが、
『ゼルダ』っぽさを、開発に関わる全員が
つねに意識しているということこそが、
いちばんの『ゼルダ』っぽさなのかもしれません。

わたしが思っていたのは、
世の中のオンラインゲームというのは
どうしても基本的には強者のための場所で、
ひとりのしあわせな人が存在すると、百人千人の不幸な人が
生まれているような面があるということで。
もちろん、その構造を全否定するわけじゃありませんけど、
その要素がある限り、どうやっても
一定以上は広がらないぞと思ったんです。
たとえそれがおもしろそうに見えても、
入口のところで多くの人が躊躇してしまうだろうと。
だから、そういうかたちではなく、
たとえば親が自分の子どもに
安心してオンラインの遊びを渡せるには
どうしたらいいんだろうとか、
ハラスメントのない世界はどうやったらできるだろう、
みたいなことをわたしたちはずっと議論していたんです。

人間って、自分がしたことに対してフィードバックがあると、
それによってつぎの動機が生まれるんですね。
逆にいうと、フィードバックのないことって続けられない。
人は、フィードバックというご褒美を得て動いているんです。
ビデオゲームの世界は、それを逆に利用して、
人間がなにかするとフィードバックを返す、
ということを基本にしている。
そのときのフィードバックにも、
快適なフィードバックと、快適じゃないフィードバックがあって
それをどう混ぜると人はそれを続けて、
おもしろがったり、驚いたりしてくれるんだろう、と。
そういうことをつねに考えながらつくっているんです。

おもしろいゲームというのは、
遊ばずに観ているだけでもおもしろい。

第六章

岩田さん

を語る。

宮本茂が語る岩田さん

「上司と部下じゃないし、
やっぱり友だちだったんですよ」

宮本茂（みやもと・しげる）
1952年生まれ。任天堂代表取締役、ゲームクリエイター。『スーパーマリオブラザーズ』『ゼルダの伝説』など、ゲーム史に残る名作ゲームの開発を手がける。

得意な分野が違っていたから。

岩田さんと最初に会ったのは、1988年の『ファミコングランプリII 3Dホットラリー』のときだったと思います。当時、岩田さんはHAL研究所の開発部門の責任者で、それ以前も任天堂の『ゴルフ』とか『バルーンファイト』を担当した優秀なプログラマーとして存在は知ってたんですけど、直接会ったことはなかったんですね。

そんなとき、HAL研のつくってるレースゲームを見てくれないかと言われたんですね。当時からHAL研は技術力がありましたから、コースに見たこともないような大胆な起伏のあるレースゲームをつくっていた。ところが、いまひとつ魅力がなくて（笑）。これは惜しいということでぼくが入って、主人公をマリオにして、ラリーゲームとしてつくり直すんです。そのとき、互いに会社の開発の代表として、「こういうゲームにしましょう」という方向性を話し合ったのが、ぼくと岩田さんの最初の仕事でした。

当時の岩田さんはものすごく技術力のあるプログラマーとして知られていて、一方でぼくは技術はないぶんアイディアでどうにかしている開発者だったんですね（笑）。で、やっぱり、自分にはない能力を持っている人に憧れがあったから、岩田さんと仕事をするのはすごく刺激的でした。たぶん、岩田さんにとっても、ぼくのつくり方がおもしろかったんだろうと思いますよ。お互いに得意な分野が違うというのがいいんですよね。なんというか、相手が自分にはない長所をたくさん持っているから、安心できるんですよ。そこは岩田さんに任せていれば大丈夫だな、と思えるので。逆に、得意なことが似通っていると、対立も起こりやすいし、どっちかが譲らなくちゃいけないという場面も増えてくる。岩田さんとの仕事はそういう気づかいがまったく必要なかったですから。

『3Dホットラリー』の例でいうと、3D視点のレースゲームというだけでは地味なので、マリオのキャラクターをつかってラリーゲームにしましょうということを提案するのがぼくの役目で、岩田さんは自分の会社のプログラマーの特性や個性を考えたうえで、どういうチームでどんなふうに開発していくかを決めていくという感じでした。

ふたりともプロデューサーなんだけど、担当する分野が違う。それでいて実現させたいことは同じなんですね。だから、たとえば開発が行き詰まることがあると、岩田さんは技術で立て直していくし、ぼくはアイディアで解決しようとする。やり方は違うけど目指しているものは一緒で、思えばその構造は、岩田さんが任天堂の社長になってからも同じでした。

岩田さんがすごいのは、力があるのに謙虚だというところ。

もともと実力があって、さらに勉強熱心だからどんどん力をつけていくんですけど、いつも謙虚で、人を支えたり立てたり持ち上げたりする。問題のあるところに入っていってプロジェクトを立て直すときも、新しい人として入って、いろんな人に配慮しながら、関係する人たちを腐らせずに活かしていく。これはなかなかすごいことだと思います。

新しいことに名前をつけた。

岩田さんが任天堂の社長になってからはじめたいいことはたくさんあるんですけど、そのひとつが、いろんな新しい制度や仕組みをつくって、それに「名前をつけた」こと。

たとえば、新しいハードをつくるときは、部署を横断するようなチームをつくるんですけど、岩田さんはそれに「車座」という呼び名をつけたんですね。その名前があることで、いろんな部署の人が集まって話すということが、みんなに肯定的にとらえられる。きっちりとした組織図はないけど場があることはわかりますし、たとえば人事部の人がそこに絡んでもいい、ということが伝わる。名前をつけることで、役割をみんなに自然とわからせる。

そういうことって、もともとは岩田さんが尊敬していた糸井重里さんが得意にしていることで、たぶん、岩田さんはそれを応用していたんだと思います。ぼくもそれはいいなと思って、いまでもちいさな集まりや定例会議に名前をつけたりしてますよ。いい名前をつけると、会議や組織が放っておいても動くようになるんですよね。

なにかを決めたりはじめたりするときに、ひとりで全部を動かすんじゃなくて、集まりや仕組みに客観的な名前を与えて組織のなかにそれをはめていく。そういうことが岩田さんはすごくうまかったですね。

組織のことだけでなく、商品の名前をつけるときも、岩田さんはすごく考える人で、たとえばWiiを出したときは、コントローラーを「Wiiリモコン」と呼ぶことにすごく意味を感じていた。これまでゲームを触ったことがない人のために、正式名称として「リモコン」ということばをつかうべきだって、ずっと言ってたんですね。同じように、はじめての人にもわかりやすいように、Wiiのソフトには『Wii Sports』『Wii Fit』のように「Wii」という文字をタイトルに入れようと言ってたのも岩田さんです。一方で、「3DS」ではそれはやらない、とかね。

名前をつけるにしても、だいたいの法則でざーっと決めるのではなく、ひとつひとつ、その名前はどうあるべきかというのを考える人でした。

岩田さんは、物事をまとめたり、整理したりする能力がずば抜けているんですよね。正確だし、速い。名前をつけるときも、ネーミングのセンスというよりは、こうであったほうがわかりやすい、伝わりやすい、ということをいつも意識していたと思います。

あと、読解力も優れていて、人のプログラムを読むのが速いんですね。自分でプログラムする力も当然あるんですけど、人のプログラムを読んで理解することに長けている。だから、直したり書き換えたりということがすぐにできる。それはたぶん、推理する力があるということか、プログラムをこう書いたのはこうしたかったんだろう、というようなことを理解するのがたのしかったんじゃないかなと思うんです。勉強熱心というよりも、そのこと自体が好き、という感じ。

あと、キーボードのタイピングがめちゃくちゃ速かったです。ちょっと真似しようかと思ったけど、ぼくにはぜんぜん無理でした（笑）。

違っていても対立しない。

あんまりぼくは人におだてられることはないんですけど、岩田さんにはおだてられて育ちましたね（笑）。ご自分でも「宮本ウォッチャー」なんてよく言ってましたけど、ぼくが言ったことをぼく自身はすっかり忘れているのに岩田さんはしっかり憶えていたりする。「アイディアというのは複数の問題を一気に解決するもの」というのも、ぼくが言ったというよりも、岩田さんが広めたようなことばですよね。

たとえば、ぼくが「どこから発想して、どこからつくりはじめるのか」というようなことにすごく興味があったみたいで、そういう話をよくしてましたね。直接質問されるというよりは、黙って探っている感じで。それも、たのしそうにね（笑）。ほかの能力がすごく高い人ですから、もうそこは身につけなくてもいいんじゃないの？　なんて言ってたんですけどね。

とはいえ、クリエイターとしての力ももちろんあって、たとえば『脳トレ』シリーズなんかは、岩田さんがゼロから積み上げていったものですよね。あのころのいくつかのDSのソフトに代表される、「テーマから考えてつくっていく」というやり方は、岩田さんが独自に発見したものだと思います。

ぼく自身がわりと、人間の生理とか心理とか、「こういうことは人はこう感じるやろな」とか、「こういうことを人はおもしろがるよね」というようなことから企画をスタートさせるのに対して、岩田さんはもっと具体的なテーマから入っていくんです。「脳を鍛える」とか、

「脳が衰えてるって言われると不安になる」とか、「衰えないように自分でなんとか手を打とうとする」みたいなことが人の動機につながるということを見つけて、そこから企画をスタートさせる。漠然となにかを考えるのではなく、きっかけになるテーマをつねに探していたように思います。それは、ハードづくりにおいても同じでしたね。

ぼくと岩田さんは発想のしかたもつくり方も違うんですが、対立して議論になるようなことは一度もなかったですね。たとえ意見が違ったとしても、お互いの視点や持っている情報をすり合わせて、それをいい意味で刺激にするというか。

明らかに違うところがあるとしたら、ドレスコードに対する意識とかですね（笑）。岩田さんはそういうところがとてもきちんとしているというか、場に基準がないとしても、相手を不快にさせない基準を自分で設けてちゃんとそれを守るんですね。その点、ぼくは、「適当でいいんじゃないの？」という感じで（笑）。まあ、岩田さんは会社のトップですから、立場的に厳しくしなくてはいけない面もあったと思うんですが、そういうゆるさとキツさは、個性としては違いましたね。

一緒に取り組んだ『ポケモンスナップ』。

ぼくと岩田さんがひとつのゲームにコミットすることはほとんどなくて、いちばん深く入ったのは、ニンテンドウ64の『ポケモンスナップ』じゃないかと思います。

あのゲームは、「ジャックの豆の木計画。」という、任天堂以外のゲームクリエイターをサポートするプロジェクトから生まれた企画で、なにかをカメラで撮影するという軸はあったんですけど、どうまとめていくかということで出口が見えなくて難航してたんです。

そこでぼくは写真を撮る仕組みを固めてたんですけど、岩田さんは「いや、写真を撮るゲームはいいけど、なにを撮るかが問題なんですよ」って言うんですね。で、あるとき、「宮本さん、ポケモンだと思うんです、みんなが撮りたいものは」って。それはいい、とぼくも思って、けっきょくそれがゲームの出口になるんですよ。だから、「みんなが撮りたいものはポケモンだと思うんですよ」っていうところが岩田さんのアイディアで、写真を撮る仕組みをおもしろくつくろうっていうシステムの構造部分がぼくの仕事で、かなりふたりでしっかり取り組んだ1本でしたね。

そういう直接の現場の話ではなくて、企画そのものを大きく育てたりするというのは、ふたりでずっとやっていて、誰かが新しい試作を持ってきたときに、それの筋がいいかどうかを判断するときなんかは、かなり意見が一致しましたね。たとえば、すごくまとまりのいいものが出てきたときに、収まりはいいし、大失敗はしないということはわかるんだけど、その無難なものを苦労して仕上げる意味があるのか、というふうに、ぼくも岩田さんも思うんです。そういうとき、意見が一致する人がそばにいるというのは、とても助かりました。

ゲームに関する大きな判断というのは、ぼくと岩田さんはだいたい一致するんですけど、見ている基準は意外に違ったりするんです。ぼくがまったく見ていないような企画の背景を岩田さんが感じ取って説明してくれることもよくあって、それはおもしろかったですね。

やっぱり、物事を判断するときって、自分の持っている情報が基準になるので、信頼できる別の基準とすり合わせができるというのは、とてもありがたいんですよ。

本と会議とサービス精神。

岩田さんが任天堂の社長になってからＨＡＬ研究所にいたときと大きく変わったのは、ビジネスに関する本を読むようになったことです。時間のないなかでたくさんの本を読んで、いい本があるとみんなに薦めるんです。ぼくはあんまり本を読むタイプじゃないんですけど、それでも岩田さんが強く薦める本は読むようにしてました。

岩田さんの読み方というのは、本のなかにヒントを求めるのではなくて、ふだん考えていることの裏付けを得たり、自分の考えを本を通して人に伝えたりするために役立てているような感じでした。任天堂がやっていることはなんなのかとか、いま会社がどういう状況に置かれているのかということをつねに考えていて、本のなかに自分が考えていたのと同じことが書いてあると自分の確信がより強くなる。その本を社員に薦めて読んでもらえれば、自分の考えも説明できて、社内の意志統一も図れる。そんなふうに本を役立てていました。本を何冊も買って近くの人に配ることもあったし、社員全員に推薦図書を伝えることもありました。

薦められた本のなかでぼくが印象深く憶えているのは、行動経済学にまつわる本ですね。岩田さんに教えてもらうまでぼくはそういう分野があることさえ知らなかったんですけど、読んでみると「なるほど、ぼくらがやっているのはこういうことか」って、すごく納得がいくんです。岩田さんもかなり傾倒していたようで、あっという間にたくさんの本を読んで理解を深めていました。で、会うと、「任天堂がやってるのはこういうことなんです」とか、「宮本さんの考え方はこれに近いです」とか言って、すごくわかりやすく説明してくれる。もう、そういう本が自分で書けるんじゃないかと思うくらいでしたね（笑）。

本のほかに、岩田さんが社長として大事にしていたのが会議でした。「ファシリテーター」っていう役割の大切さも岩田さんがいち早く社内に浸透させた。

ファシリテーターって、ようするに会議を健全に運営する人で、その場にクリエイティブが足りなかったらクリエイティブを足すし、クリエイティブがたくさんあり過ぎたらまとめるほうに回る。つまり、それぞれの会議のプロデューサーなんですね。「その会議で答えを出そうとほんとうに思っている人（ファシリテーター）」がいることがどんな会議にとっても大事なんだということを、社内に説いて回ってました。ときには、「あなたがこのチームのファシリテーターになりなさい」ってピンポイントな指名をしたり。おもしろいもので、そうやってちゃんと指名されると、意識って芽生えていくんですよね。

そういうふうにして岩田さんが社内に浸透させたものはいまもたくさん会社のなかに活きてます。とにかく岩田さんは自分が紹介したもので会社がうまく回るようになるということがすごく好きだったんです。それは社長の仕事というよりも、ある種のサービスに近かったかもしれない。「おかげで捗るようになりました」とか言われるのが大好きだったんです。

「見える化」と全員面談。

また、岩田さんは、社長の自分や会社の取締役たちがこんなふうに考えていろんなことを決めているんだということを、積極的に社員に知らせるようにしていました。「見える化」というキーワードをよくつかっていて、任天堂の経営も「見える化」しようとしていたんです。

それは、議事録を流したり重要な会議を公開するというようなことだけではなくて、社員が興味を持つようなイベントを企画したり、共感できる社外のゲストを呼んで社員の前で対談したりと、さまざまな情報の共有自体を各自がたのしめるようにいろいろと工夫していました。

たとえば、ある取締役会のときに、並べている机と椅子の一角をどかしてそこに大きなテレビを設置するんですね。そこでふだんゲームを遊ばないような工場長とかに新しいスポーツゲームを体験してもらう。そうするとすぐにおもしろさが伝わって、工場長ももう汗びっしょりになって、「ああ、これはたくさんつくらなあかんわ」みたいなことになる。そういうふうに、いろんなことをおもしろく共有する仕組みをつくることに気を配ってましたね。

その意味では、岩田さんが大事にしていたのは、一対一の面談ですね。

面談はＨＡＬ研究所にいたときからやっていましたから、岩田さんのなかでとても優先順位の高いことだったと思うんですけど、社長に就任したときは、企画開発部の社員全員と面談をやりました。たぶん、200人以上いたと思いますけど。

それは面談というシステムを社内のルールにしたわけではなくて、あくまでも岩田さん個人の運営方針としてやっていた感じでした。これまでに話してきたほかのこともそうですけど、やっぱり、岩田さんは「そういうことが好きでやっている」んですね。だから、みんな納得がいくし、やらされているというような意識がない。そういうことを通して各自が自分で考えるようになるというのが、岩田さんの目指していたことだったんだろうと思います。

岩田さんが怒ることですか（笑）？　なかったですねぇ。少なくとも声を荒げるようなことはなかったです。もちろん、厳しさはありますけれどね。

たとえばなにかのトラブルがあってお客様をお待たせしてしまっているようなときに、そのトラブルが起こったこと自体についてよりも、「いま、お客様に説明ができていない」ということについて厳しかった。

これはぼくと岩田さんに共通することなんですけど、本質的にはなにも解決していないのに自分だけは「そつなくやってます」みたいなことに対して腹が立つんですね。社内とか自分の周囲に関してはそつなくやってるんだけど、当事者にとってはなにも解決してなかったり逆に不安を与えていたりする。「社内外の調整をやってからじゃないとなにも言えません」

みたいなことでお客様をお待たせしているようなときに岩田さんは怒ってたし、ぼくも、それは怒りますよ（笑）。

素顔の岩田さん。

ぼくと岩田さんがふたりで話しているとき、どんなに意見が違っても岩田さんが苛立つようなことはありませんでした。ただ、無口になることはあるんですね。ずっといい感じでしゃべっているようなときに、ふっと無口になる。そういうときは、たぶん、ぼくと意見が違うときなんですよ。

でも、そういうときに岩田さんは議論を持ちかけるのではなくて、考えるんです。で、そのまま考え続ける。つまり、意見の違いがテーマになるんですね。だから、しばらくしてから「あの問題なんですけどね」って返ってきたりする。「あ、ずっと考えてたんや」って、ぼくなんかは（笑）。

そういうのは、岩田さんのおもしろいところでしたねぇ。

だから、仕込みというのかな、インプットには貪欲でしたね。本もそうですし、一緒にお昼ご飯に行ったりすると、仕込みがはじまるんですよ（笑）。開発中のいろんな行き詰まりとか発見を聞いておもしろがって、翌週あたりのランチで「あの話ですけど、わかったんですよ」って（笑）。

そういう岩田さんの個性は、はじめて会ったころからぜんぜん変わってないと思いますね。そう、ほんとに変わってないですよ。

はじめて仕事をしたころ、岩田さんがHAL研のある山梨県から京都に来て、一緒に仕事をしているとそのうち夜中になって、ふたりでラーメンを食べに行って、で、任天堂は社風として接待をしない会社ですから、何度か食べているうちに割り勘になって、だいたいなんでも割り勘になって、社長と専務になってからも、ずっと割り勘でした（笑）。20年間、割り勘（笑）。そういう関係とか暮らし方みたいなものはずっと変わらなかったですね。夜中にねえ、バカですよね、夜中にラーメン食べて。たのしかったですよね。まぁ、晩ごはんの金額くらいはちょっと大きくなったかもしれませんけど（笑）。

なんでしょうね、やっぱり友だちだったんですよね。上司と部下じゃないし、怒られることもないし、喧嘩もしないし。ふつうの会社の感覚でいうと、いってみれば年齢も社歴も後輩の人が先に社長になったんですから、お互いに気にしそうなものですけど、まったくなかったですから。岩田さんという人がいて、一緒に仕事をするうえで、「そら、あっちのほうが社長に向いてるやろう」っていうふうに仕事をしてたんで。それはよかったですね。

だから、ほんとに、「友だちになった」んですよ。いつの間にかね。

あとはなんだろう、なにかあるかな？　あ、家では尊敬されるお父さんでしたよ、岩田さんは。うらやましいような家族でした。奥様もやさしい素敵な方で。あとは、運動する時間がなかなか取れないから、社長室にランニングマシンを置いて走ってましたね。『Wii Fit』もずっとつかってくれてた。なんか、ばらばらと思い出すことはいろいろあるんですけどね。

ぼくとまったく違うのは、新幹線に乗っているときとか飛行機のなかとか、そういう空き時間を有効につかうことが大好きな人でしたね。ぼくなんかは怠慢で、すぐに寝てしまうんですけど（笑）。たとえばヨーロッパに行くときに、夜に羽田を出る飛行機に乗って寝ながらパリに着くと、朝から活動できるんですよ、みたいなことをすごくうれしそうに教えてくれる人で。

あと、社内でときどき岩田さんを「カービィ」って呼んでたの、知ってます？　長い会議のときとかに、お菓子があるとどんどん食べるでしょう？　それでみんなが「カービィ」って呼んでて、岩田さんの前にはたくさんお菓子を積むようにしてた（笑）。

あと、おもしろいのが、漬物が嫌いだったでしょう、岩田さんって。じつはぼくも一緒なんですよ。ぼくの場合はあんまりまわりに知られてないんですけど（笑）。で、糸井さんが京都に来るとよく一緒に御飯を食べにいくお店があるんですけど、そのお店の浅漬けだけは、ぼくも岩田さんもおいしく食べられるんですよ。それ、とくに言ってたわけじゃないんですけど、お店に行きだしてずっと経ってから「あれだけはおいしい」って言うので「一緒や、一緒や」って（笑）。

岩田さんがいなくなって、会社はきちんと回ってますよ。いろんなことをことばにしたり、仕組みとして残していってくれたおかげで、若い人たちが生き生きとやってます。困ったのは、ぼくが週末に思いついたしょうもないことを、月曜日に聞いてくれる人がいなくなったことですね。

お昼ご飯を食べながら、「そうそう、あの話ですけどね」っていうのがなくなったのは、ちょっと困っているというか、さみしいんですよね。

糸井重里が語る岩田さん

「みんながハッピーであることを実現したい人なんです」

糸井重里（いとい・しげさと）

1948年生まれ。コピーライター、ほぼ日刊イトイ新聞主宰。ゲーム制作や作詞など多岐にわたり活躍。『MOTHER2』の開発を通して岩田聡と知り合い、以来、親交を深める。

会えば会うほど信頼するようになった。

岩田さんに会ったのは『MOTHER2』の開発のときがはじめてです。そのまえは、挨拶も立ち話も一度もしてないです。任天堂の元社長である山内溥さんから、「岩田さんに会ったことがあるか」、「ぜひ会ったらいい」みたいなことは何度も言われてたんですけど、なかなか直接会う機会がなくて。あとから聞いたんだけど、山内さん、そのころ岩田さんにも「糸井さんと会ったらいい」って何度も言ってたらしい（笑）。

それでけっきょく『MOTHER2』の開発が難しくなってかなり苦しんでいたときに、いよいよ岩田さんに頼もうということになった。会ったのは東京で、たしか『MOTHER2』の開発をしていたエイプの社内だったと思います。そこで、いま『MOTHER2』というゲームがどういう状況なのか説明して、岩田さんにどう関わってもらうかということも含めて、全部の話をしたんです。

で、まぁ、いまとなっては有名になったあのことばが岩田さんから出るんです。

「いまあるものを活かしながら手直ししていく方法だと2年かかります。いちからつくり直していいのであれば、半年でやります」

もちろん、いちからやり直してもらいました。けっきょく、最後の調整まで含めて1年後に『MOTHER2』は出るんだけど、それはもう、頓挫していた現場を知ってる人にとっては、信じられないようなことでしたよ。うれしかったですねぇ。

はじめて岩田さんに会ったときの印象は、どういえばいいんだろう、すごく感じがよかったんです。はじめてなのに、この人の言うことは信じられるという感じがした。「こっちもそれなりに緊張してましたよ」なんて、岩田さんは振り返って言ってたけど、まったくそんなふうには見えなかった。「いまあるものを直しますか？　いちからつくり直しますか？」の話にしても、字面だけだと不遜な感じがするんだけど、ぜんぜん威張ってなくて、相手の自由をすごく大事にしている感じが伝わってくるんですね。なんだろう、ぼくらは手伝いにきてもらった立場なんだけど、岩田さんの技術よりもやっぱり姿勢みたいなものに魅力を感じて、会えば会うほど信頼するようになりましたね。

あと、自分のことだけどおもしろかったのは、岩田さんが来たことによって、ぼくの気持ちは引き締まったというか、いい意味での責任を感じるようになったということです。当時、ぼくの本職はコピーライターだったから、何年もかけてゲームをつくっていても、どこかに遊びのような気持ちがあるんですよ。それはクリエイティブの面からいうと、いい作用もあるんだけど、やっぱりプロジェクト全体が危うくなる可能性もあるんです。岩田さんがやってきて、威張るでもなく呆れるでもなくニコニコしながら現場を立て直して、それでも決して本人がらくにやってるわけじゃないというのはひしひしとわかったから、ぼくももっと責任を持ってやんなきゃいけないと自然に思えたんですよね。

そういうふうにうまく回りだしたのは、大きくいえばやっぱり、岩田さんがぼくらに希望を与えてくれたからですよね。「できるんだ」っていうね。

そのときの初対面の印象から、任天堂の社長になっても、岩田さんはずっと変わらなかったですね。ああ、宮本さんも同じことを言ってましたか（笑）。


みんなの環境をまず整えた。


岩田さんが『MOTHER2』を立て直したときのことでよく憶えているのは、最初に、ゲームを直すツールをつくったことですね。

半年でやります、と宣言した岩田さんは、自分ひとりで黙々とゲームを直していくんじゃなくて、スタッフ全員がゲームを直せるような仕組みをまずつくった。それがすごく新鮮な驚きでした。

みんなが困っているところに、落下傘部隊みたいにやってきたわけですから、まずは自分の実力を発揮して、もう大丈夫ですよって言いたくなりそうなものだけど、岩田さんは自分にしかできないやり方で危機を救うんじゃなくて、誰もがゲームの中身に触れられる環境をまず整えたんです。だから、「やればできるぞ」ってみんなが思えた。自分ががんばればいいんだって思えたから、みんなもう、すっかりうれしくなっちゃったんです（笑）。

あとは、これも有名になってしまったけど、「プログラマーはノーと言ってはいけないんです」ということば。後々、プログラマーに負担をかけることばとして独り歩きすることを岩田さんは気にしてましたけど、もちろん岩田さんはそういう意味合いで言ったわけじゃなくて。ようするに「どうやって実現させるか考えるのはぼくらの仕事ですから、糸井さんはのびのびとやりたいことを言ってください」っていうふうに岩田さんは言ってくれたわけですね。それはほんとうにありがたかったです。

それから、岩田さんはアイディアに対するリアクションがいいんですよね。ぼくがおもしろいことを言うおじさんとして乱暴なアイディアを出すと、うれしそうに「こんなことするとは思いませんでしたよ」みたいなことを言ってくれる。「ここまでやりますか」とかね。場合によっては「だったらこんなこともできますよ」とか新しい提案まで返してくれたりして。だから、地下帝国の演出とか、タコけしマシンの発明とか、言うほうもつくるほうもたのしかったもの。

もうひとつ憶えているのは、「コンピュータにできることは、コンピュータにやってもらえばいいんですよ」って岩田さんが言ってたこと。日頃からコンピュータを駆使している人には当たり前のことなのかもしれないですけど、ぼくには新鮮だった。「人間は、人間にしかできないことをやりたいんですから」って岩田さんはよく言っていて、ぼくもほんとうにその通りだと思いました。岩田さんはたぶんコンピュータを誰よりもうまく扱える人だったんだけど、コンピュータを扱えることで人の上に立つようなことはまったくなくて、どちらかといえば、コンピュータが便利だからこそ、人間にしかできないことに興味を持っているようでした。

『MOTHER2』の開発現場を思い返してみると、岩田さんとゲームの内容について、深く語り合った記憶はあんまりないんですよね。たぶん、シナリオやセリフは別のところでできてたから、岩田さんはそういう材料を組み立てるような感じだったんだと思う。ときどきぼくが「こういうことがやりたい」って言うと、岩田さんは「じゃあ、こうしましょう」ってすぐに受け止めてくれる感じで、こうあるべきだ、とか、そもそもゲームとは、とか、そういうふうに語り合った記憶はほとんどないですね。いや、ぼくが忘れてるだけだという可能性もあるか（笑）。人はなにをおもしろいと感じるか、みたいな根源的なことは話したと思いますけど。

開発が夜遅くまで続いて、もう山梨に帰らなきゃいけないとなると、ぼくはよく新宿駅の南口まで送って行きました。たいてい、特急あずさに乗って帰っていったんだけど、「あずさは揺れるんですよねー」なんて言いながら、登山客たちに混ざって、それでもたのしそうにいつも帰っていきました。

どういう場にいてもちょっと弟役。

岩田さんはぼくの10歳くらい下なんですけど、たぶん、岩田さんって、どういう場にいても「自分のほうがちょっと歳下」という感じだったんじゃないかと思うんです。だって三十代前半でＨＡＬ研の社長になって、任天堂の社長になったのは42歳のときですから。

いってみれば、リーダーをやってるんだけど、どこか弟役も担っている。任天堂という大きな会社の社長になってからもある面では弟役だったんじゃないかなぁ。幼いという意味じゃなく、自分を後回しにして、みんなに配慮している感じ。だから、なにかを提案するときも、命令したり、号令をかけたりするんじゃなくて、「自分も考えてみたんだけど、こういうふうにやってみるのはどうだろう」とか、そういう気持ちがいつも混じっている。

少なくともぼくと岩田さんのふたりの関係においては、その年齢差があるということは、お互いをらくにしていたような気がします。まぁ、岩田さんの気持ちはほんとうにはわからないけれど。

ひとつ、岩田さんの弟っぽいエピソードがあって、『MOTHER2』がようやく発売されて、打ち上げをやろうということになったんです。その打ち合わせをしていたら、岩田さんがめずらしく「ひとつだけわがままを言っていいですか」って言うんです。なんだろうと思ったら「打ち上げに奥様（樋口可南子さん）をつれてきてくださいませんか」ということで（笑）。うちの奥さんはあんまりそういう場には出ない人なんだけど、ちゃんと説明したら、それならということで来たんですよ。岩田さん、そういう、ちょっとミーハーなところもある人でした（笑）。

あと、『MOTHER2』が発売される前後くらいのことだと思うんだけど、「糸井さんが考えてることをＨＡＬ研究所のみんなに話してもらえませんか」ってお願いされて、山梨のＨＡＬ研まで中央高速で行って、講師みたいなこともやりましたよ。ふだん、講演の依頼は全部お断りしているんですけど、まぁ、岩田さんに頼まれたら、やりますよね。

そんなふうにして、『MOTHER2』のあとも関係はずっと続いて、あるとき、HAL研究所の顧問になってくれませんかってお願いされたんです。そのときに岩田さんは、「まず、わたしの仕事観を全部お話ししますから、それを聞いたうえで判断してください」って言って、ぼくの会社に来て、考えていることを丸ごと全部話してくれた。ぼくは岩田さんにお願いされたときに、もう引き受けるつもりだったんだけど、聞きましたよ、岩田さんの話を。

それは、おもに「ハッピー」についての話でした。

思えば岩田さんはずっとそう言い続けてるんだけど、みんながハッピーであることを実現したい人なんですよ。自分がハッピーであること、仲間がハッピーであること、お客さんがハッピーであること。「しあわせにする」とかじゃなくて、「ハッピー」ってカタカナなのがいいね、なんていうことをぼくも言ったかな。そういう気持ちは、ぼくもまったく同じだったから、うれしかったですね、なんだか。

ああ、つまらないことを憶えているもんだなと思うけど、あの、岩田さんってね、「ハッピー」って言うときに、こうやって両手をパーにするんだよ（笑）。こういうふうに、「ハッピー」って（笑）。そんなこと、忘れないもんだねぇ。

あの日は、よかったな。ふたりっきりで、長々としゃべって。

ずっとしゃべってる。それがたのしいんですよ。

岩田さんが任天堂の社長になったあと、ぼくも京都に定期的に行くようになったので、よく会うようになりましたね。ぼくが京都に行ったときはほぼ会ってたし、岩田さんが東京に来るときもしょっちゅう会社に寄ってくれて話すようにしていた。短い時間でもお互いにスケジュールを調整したりしてね。

会ってどうするかというと、ずっとしゃべってるわけです。だから、うちの奥さんなんかは「男っていうのは、ほんとうにおしゃべりだ」なんて言ってました（笑）。

たとえば京都で会うときは、ちょっと用事をくっつけてふたりで街まで行って、用事を済ませて食事しながらしゃべって、帰ってきてまだしゃべってる（笑）。岩田さんは話しながらうちの犬にボール投げをしてくれたりね。奥さんが犬の散歩に行って、帰ってきてもまだふたりでしゃべってる。いちばん長いときだと、お昼にやってきて、夜の9時くらいまでしゃべってたりする。岩田さんの奥さんも不思議がってたんじゃないかな（笑）。

京都で、東京で、そんなに長くなにをしゃべっていたかというと、まぁ、大きくいえば「最近考えてること」ですね。「こう思ったんですよ」みたいなことからはじまって、「それはわたしも考えました」だとか、「だとするとこうだと思うんですよね」みたいなことになって、だからいわばミーティングをしてるんですよね。具体的な仕事ではないんだけど、ものすごく真剣に悩んだりね（笑）。激論を交わすっていう感じはまったくなくて、お互いが肯定的に話をたたみかけてる感じ。「ああ言えばこう言う」じゃなくて、「ああ言えばさらにああ言う」みたいな。で、それがたのしいんですよ。まぁ、ちょっと変ですよね（笑）。

新幹線なんかに一緒に乗ると、やっぱりずっとしゃべるんだけど、ぼくは適当なところで眠るんですよ。ところが岩田さんは寝ない人だから、ずっとしゃべるんです。そういうときはもう素直に「ごめん、寝るわ」って言ってました（笑）。そうすると岩田さんは、もう屈託なくパソコンを取り出してパタパタと打ちはじめる。そういうことが何回もあったなぁ。

あの人のいいところはね、照れがないんですよ。見栄をはるようなこともしないし、ポーズとして怒ってみせる、みたいなこともしない。だから、男ふたりで長くしゃべってても、気まずくならない。そういうところが岩田さんの持ってるよさなんでしょうね。

なんでしょうね、人格者なんですよ、やっぱり。男女を問わず、ふたりで長くいられる人っていうのは、案外人格者が多いんじゃないかな。悪く言うと、色気がないんだろうね。

本人にもそう言ったことがあるんだけど、いいところとして注釈しながら言うと、岩田さんって「野暮」なんですよ（笑）。でも、その野暮さがすごくいいんです。これは、岩田さんに会った人なら同意してくれると思うなぁ。「じゃあ、おまえは野暮じゃないのか」って言われたらぼくもきっと野暮なんでしょうね。だから、きっと、そこのところで通じてるというか、互いが見えてる面みたいなのが合ってたんだろうなあ。

そのときどきで、ずっと一緒にいられる友だちって移り変わるものだけど、時間を全部足したら岩田さんがいちばん一緒にいたんじゃないかな。

病気のときも、岩田さんらしかった。

病気のこともね、いろいろと話をしました。

岩田さんの病気が発覚したとき、ぼくが京都に短く滞在するときがあって。そのときは別の人と食事の約束が入っていたんですね。そしたら、岩田さんがめずらしく「そこにわたしも行っていいでしょうか」って言うんです。遠慮がちな人ですから、そういうことってあんまりなかったんです。まぁ、半分身内みたいな人との食事でしたから、ぼくもどうぞどうぞと歓迎して。

でも、その席では、岩田さん、けっきょくなにも言い出さなかった。やっぱり、たのしい席では言いづらかったのかな。そのあと、ぼくの娘の結婚が決まって京都で食事をするときに、同じように「会えますか」って言われて。そこで、はじめて聞きましたね、病気のことを。やっぱり、電話やメールじゃなくて、直接言いたかったんでしょうね。そのあとは、「結婚祝いになにを贈りましょうか」みたいな話もして。

そのあともいろいろ話しましたけど、うん、岩田さんらしく、治るための努力を最大限して、それでももしものことがあるっていうことを考えながら行動していた感じでした。「こういう治療法があるんです」って説明してもらったりね。当たり前だけど、岩田さんはすごくくわしくてね(笑)。メールもやり取りしたし、お見舞いにも行きました。ちょっと家に戻れるっていう時期に岩田さんの家で会うとかね。くわしくは言いませんけど、ずっと岩田さんらしかったですよ。スーツじゃなかったけど(笑)。

亡くなって、奥様がぼくを呼んでくださって、葬儀の前の、静かに横になってる岩田さんに会えたんですけど、そのときは、ちゃんといつものスーツを着てました。いま思うと、やっぱり若いねぇ、とんでもなく若いね。あのときの自分も、いまの自分よりもうちょっと若かったわけだし、それよりも岩田さんはもっとずっと若かったわけだから。

それでも、ぼくはやっぱり、「遠くにいる人」だったからね。奥様やご家族の方はもちろん、一緒に働いてた人とは、感じ方も重さもずいぶん違うと思う。

すごく印象的だったのは、岩田さんの葬儀の日。あの土砂降りの雨の日。宮本茂さんと一緒になにかを待つような時間があって、ふとぼくは宮本さんに訊いたんです。

「岩田さんは、どのくらいの確率で、自分が治ると思ってたんでしょうか」って。

そしたら、すぐに、ものすごく自然な感じで、「それはもう、完全に治るつもりで、死ぬつもりはまったくなかったでしょうから」っておっしゃって。ああ、それが近くにいる人の感覚で、ぼくは遠くから接してたんだなと思いましたね。近くでいる人は、当然そうだと思えるんですよね。宮本さんには、岩田さんのその気持ちがちゃんと通じているのがつくづくわかった。

うまく言えませんけど、距離があると、ただの事実がどうしても視界に入るんです。でも、近くにいる人はもっと「情」の部分が生々しいんですよ。それは、宮本さんの答えを聞いた瞬間、質問した自分を申し訳なく感じた。そういう問題じゃないとわかってるんですけどね。

なんだろう、ずっとつながっているんですよね。

岩田さんが生きていたころと、病気になったときと、あの日、呼ばれて行ったときと、宮本さんと話したときと、そういうのがつながっているっていうのは、妙なものですよね。京都で暗くなるまで岩田さんとしゃべっていたときと、ずっと続いてるんです。

「ハッピー」を増やそうとしていた。

もう、長いつき合いですから、岩田さんのご家族とも何度も会ってるんですけど、明らかにいいお父さんでしたね。亡くなってから、息子さんが「家のなかでも、いい父親でした」って、はっきり言ってたのが印象的でした。息子さんにそこまで断言される父親って、なかなかいないですよね。

好きな話があって、岩田さんと息子さんは似ているところがあって、ふたりとも、考え事をするときに歩き回る癖があるそうなんです。で、それぞれに考え事をしているときは、部屋のなかをふたりが歩き回るもんだから、ときどきぶつかったりする（笑）。ご家族と一緒にいるときに奥様がその話をすると、岩田さんも「そうだったねぇ」なんて苦笑してたね。

あとは、息子さんはもう結婚されているんだけど、つき合いはじめたときに彼女と街で歩いているのを奥様が車のなかから見かけたらしいんです。そのとき、息子さんが「家では見せないようなうれしそうな顔」をしてたらしくて、その話を岩田さんがぼくにするとき、ものすごくうれしそうでね（笑）。エピソードそのものよりも、岩田さんの表情のほうが忘れられない。「そんなうれしそうな顔、オレも見てないぞ」なんて言ってたけど、岩田さんが自分のことを「オレ」って言うのはめずらしくて、かなりおもしろがってるときなんです。

つくづく、岩田さんはみんなの笑顔が好きでしたよね。それは、任天堂の経営理念としても言ってましたけど。やっぱり、「ハッピー」を増やそうとしていた人なんだと思います。

そして、そのために、ほんとうに骨身を惜しまない人でした。人を支えるのが好きで、物事を「わかる」のが好きで、そのためのコミュニケーションが好きで。

だから、宮本さんとの月曜日のランチは、岩田さんの好きなことが凝縮された時間だったんじゃないかなぁ。自分たちやお客さんたちの笑顔につながるアイディアを、「わかったんですよ」なんておしゃべりするわけだから。

東京のぼくの会社に寄るときも、たくさんのアイディアと仮説と考え中のことを抱えて、いつもたのしそうにやって来ましたよね。たぶん、会社のトップだから、ほんとは誰かと一緒に行動すべきなのかもしれないけど、いつもひとりで、タクシー拾って、キャリーケースをゴロゴロ転がしながら、「こんにちは」って。あの、甲高い声でね。

第七章

岩田さん

という人。

わからないことを放っておけない。

わたしは、もともと「なぜ?」を追求するのがすごく好きなんです。子どものころは、百科事典を端から読んでました。そこで、わからないことどうしがつながるのがおもしろかったんですね。それが自分にとってのご褒美だった。知らないことと知らないことがつながってわかっていくことって、すごくおもしろいんですよ。いまと同じですね(笑)。

疑問を感じたら、きっとこういうことなんじゃないか、という仮説を立てる。そして、思いつく限りのパターンを検証して、「どういう角度から考えても、これだったら全部説明がつく」というときに考えるのをやめるんです。「これが答えだ」と。

だから、説明できない「なぜ?」があると、究明せずにはいられないんですね。自分がこうだと思ったことのなかになにか説明できないことがあるとすると、その仮説は間違ってるということになる。だとしたら、なにか別な理由があるはずだ。別の仮説を考えなきゃいけない。ということで、また考えはじめます。

だから、なにかの質問にわたしがすぐに答えたときは、むかし、それについて考えたことがあるんですよ、きっと。

そして、すでに考えたことがあって、整理がついてることは、それを答えればいいだけですけど、未整理の課題を突きつけられると、その場で仮説を思いついたとしても、つい、検証をはじめてしまうんですね。

自分はずっとコンピュータで仕事をしてきましたから、論理に矛盾がないのが好きなんです。だから、はじめての質問をされたときは、「自分がここで答えることは、自分がいままでやってきたすべてのことと一貫してるかどうか？」ということを考える。

自分が自信を持って「これがただしいと思う」ということがあっても、いろんな角度から考えてみないと、きちんとそれを言えないんです。

また、自分のなかのこういう道筋は、自分ができることを具体的に増やしてくれます。

わたしは、わからないことを放っておけません。興味を持ったことは知りたくなる。だから、もしも自分にできないことを誰かができて、同じ人間なのになぜ自分にはできないんだろうって興味を持ちはじめたら、自分ができるようになる方法を考えはじめて、それを行動に移していくんです。

といってもそれは、歯を食いしばってものすごく努力するようなことではありません。ちょっとずつ努力をして、それに対して、「あ、ちょっとわかったな、おもしろいな」という、自分の変化の兆しみたいなものをご褒美として感じ取ることができたら、わたしはそれを続けることができるんです。ひとつひとつはとってもちいさいんだけれども、わかったり、つながったりすることで努力することがおもしろく感じられて、その連続で身についていくような感じなんです。

◆岩田さんのことばのかけら。その6

――名刺のうえでは、わたしは社長です。
頭のなかでは、わたしはゲーム開発者。
しかし、こころのなかでは、わたしはゲーマーです。

On my business card, I am a corporate president.
In my mind, I am a game developer.
But in my heart, I am a gamer.

わたしはきっと当事者になりたい人なんです。
あらゆることで、傍観者じゃなくて当事者になりたいんです。
誰かのお役にたったり、誰かがよろこんでくれたり、
お客さんがうれしいと思ったり、
なにかをもたらす当事者でいつもいたいんです。
当事者になれるチャンスがあるのに、それを知りながら、
「手を出せば状況がよくできるし、
なにかを足してあげられるけど、
たいへんになるからやめておこう」
と当事者にならないままでいるのは
わたしは嫌いというか、そうしないで生きてきたんです。
そうしないで生きてきたことで、たいへんにもなりましたけれども、
たくさんおもしろいことがありました。
「後悔したくないし、力があるならそれを全部つかおうよ」
という感じなんですね。

わたしはずっと前から、
「自分が誰かと仕事をしたら
『つぎもあいつと仕事がしたい』と言わせよう」
というのがモットーだったんです。
それは自分のなかにつねに課していたつもりです。
だって、もうあいつとはごめんだ、とは、
言われたくないですからね。

現実には、
苦労しないでものができるはずはないんです。
ただ、現場のスタッフに悲壮感が漂わないところが、
みんながニコニコ笑って遊べる商品に
仕上がる理由なんじゃないかな。

わたしは、人々がビデオゲームを遊んでくれるのはうれしいけど、
ビデオゲーム以外の娯楽が廃れることを
望んでいるわけではないです。
ビデオゲームは遊んでほしいけど、
ビデオゲーム以外の娯楽も
ちいさいころに経験してほしいです。
わたし自身も、子どものころにいろんな遊びを体験できて
とてもよかったと思っていますから。

新しいものを出すときは、
それが世の中にどういうふうに受け入れられるのか、
非常にドキドキします。
いつも、なにを出すときも、そうです。
怖いですよ、毎回。
だから、あらゆることをやろうとするわけです。

わたしが経験してきたことで、
無駄だったと思うことなんてないですよ。

岩田 聡（いわた・さとる）

1959年12月6日生まれ。北海道出身。
東京工業大学工学部情報工学科卒業。
大学卒業と同時にＨＡＬ研究所入社。
1993年、ＨＡＬ研究所代表取締役就任。
2000年、任天堂株式会社取締役経営企画室長就任。
2002年、同社代表取締役社長就任。
開発者としてさまざまな
傑作ゲームを世に送り出す一方、
任天堂の社長に就任してからは、
ニンテンドーDS、Wiiといった
革新的なハードをプロデュースし、
自身のテーマである「ゲーム人口の拡大」に努めた。

・携わったおもなゲーム

『ピンボール』『ゴルフ』
『F1レース』『バルーンファイト』
『ファミコングランプリII 3Dホットラリー』
『星のカービィ 夢の泉の物語』
『MOTHER2 ギーグの逆襲』
『ニンテンドウオールスター！
　大乱闘スマッシュブラザーズ』
『ポケモンスナップ』
『大乱闘スマッシュブラザーズDX』
『脳を鍛える大人のDSトレーニング』

この写真は、岩田さんの奥様から、
本に掲載するための写真としてお借りしたものです。

この本の出典について

この本に掲載した岩田聡さんのことばは、
ウェブサイトほぼ日刊イトイ新聞のさまざまなコンテンツ、
および、任天堂公式サイトの「社長が訊く」シリーズから抜粋しました。
それぞれのコンテンツは以下のページに一覧があります。

ほぼ日刊イトイ新聞
「岩田聡さんのコンテンツ」
https://www.1101.com/iwata20150711/index.html

任天堂
「社長が訊く　リンク集」
https://www.nintendo.co.jp/corporate/links/index.html

岩田さん
岩田聡はこんなことを話していた。

2019年7月11日　初版発行
2019年8月27日　第三刷発行

ほぼ日刊イトイ新聞・編

監修　糸井重里

装画・本文イラスト　100%ORANGE
ブックデザイン　名久井直子

構成・編集　永田泰大
進行　茂木直子
協力　斉藤里香　岡村健一　草生亜紀子

印刷・製本　凸版印刷株式会社
印刷進行　藤井崇宏　石津真保

発行者　株式会社　ほぼ日
〒107-0061
東京都港区北青山2-9-5　スタジアムプレイス青山9F
ほぼ日刊イトイ新聞　https://www.1101.com/